安徽省水利工程项目法人管理工作手册

安徽省水利工程项目法人管理工作手册编写委员会　编

中国建材工业出版社

图书在版编目(CIP)数据

安徽省水利工程项目法人管理工作手册/安徽省水利工程项目法人管理工作手册编写委员会编. --北京：中国建材工业出版社，2022.8

ISBN 978-7-5160-3555-9

Ⅰ.①安… Ⅱ.①安… Ⅲ.①水利水电工程—工程项目管理—安徽—手册 Ⅳ.①TV5-62

中国版本图书馆 CIP 数据核字（2022）第 139530 号

内容简介

本书根据国家和安徽省相关政策，结合安徽省水利工程建设实践经验，按照项目法人组建、前期工作、项目建设实施、验收及后评价等相关内容编写，深入浅出地阐明了安徽省水利工程项目法人在水利工程实施不同阶段应掌握的基本概念、基本知识、基本工作流程及相关工作要求，具有较强的实用性。

本书为安徽省水利工程建设管理单位工作人员工具书，可以用于项目法人工作人员的培训教育等工作。

安徽省水利工程项目法人管理工作手册

Anhuisheng Shuili Gongcheng Xiangmu Faren Guanli Gongzuo Shouce

安徽省水利工程项目法人管理工作手册编写委员会　编

出版发行：中国建材工业出版社

地　　址：北京市海淀区三里河路 11 号

邮　　编：100831

经　　销：全国各地新华书店

印　　刷：北京印刷集团有限责任公司

开　　本：710mm×1000mm　1/16

印　　张：8.25

字　　数：160 千字

版　　次：2022 年 8 月第 1 版

印　　次：2022 年 8 月第 1 次

定　　价：68.00 元

本社网址：www.jccbs.com，微信公众号：zgjcgycbs

《安徽省水利工程项目法人管理工作手册》
编写委员会

主　　编： 王荣喜

副 主 编： 王　伟　董增林　张文清　黄祚继　严寒柏

编　　委：（按姓氏笔画排列）

马　畅　马道丰　王　成　王　伟　王　锐
王荣喜　王晓冬　方玉涛　邓海荣　朱卫国
乔业斌　刘　钧　刘晓梅　刘昌富　闫化尧
许志强　严寒柏　吴其保　辛志刚　张文清
张靖宇　陈　政　林　涛　周志强　赵　雯
柏　瑞　聂贤方　晏　芳　郭立志　席　杰
黄祚继　梁顾山　董增林　程光华　解　月
潘伟晖

前　　言

安徽地跨淮河、长江、新安江三大流域，属新安江上游、淮河中游、长江下游，全省面积14.01万平方公里。其中，淮河流经安徽418公里，安徽境内流域面积6.72万平方公里；长江流经安徽416公里，安徽境内流域面积6.67万平方公里；新安江流经安徽242.3公里，安徽境内流域面积0.62万平方公里，分别占全省总面积的48.0%、47.6%和4.4%。

淮河、长江自西向东横贯省境，将安徽全省分为淮河以北、江淮之间、长江以南三大区域。全省河流湖泊众多，流域面积50平方公里以上的河流共901条、常年水面面积1平方公里以上的天然湖泊共128个。安徽地处暖温带与亚热带过渡地区，特殊的地理位置、地形条件、气候特征，决定了水旱灾害易发，全省降雨时空分布不均，自北向南多年平均降水量800～1800毫米，且年内降雨分布不均，70%以上集中在汛期（5～9月份），年际降雨丰枯悬殊，易涝易旱。

新中国成立以来，江淮儿女在党中央、国务院的关心支持下，在省委、省政府的坚强带领下，开展了轰轰烈烈的水利工程建设，全省建成各类堤防约1.8万公里、水库5493座、泵站20439座、规模以上水闸4218座，万亩以上灌区482处、农村饮水安全工程8571处，行蓄洪区23处及淮水北调等大型引调水工程，初步形成了防洪、除涝、灌溉、供水工程体系，为保障江河安澜、人民幸福发挥了重要作用。

当前，正处于两个百年交汇的历史时期，安徽水利工作立足于全面建成小康社会的基础上，按照习近平总书记提出的“节水优先、空间均衡、系统治理、两手发力”治水思路，提出到第二个百年全面实现安徽省水利现代化的宏伟蓝图，自“十四五”开始，全面推进“安徽水网”建设。为适应新时代的要求，把人民需要的水利工程建设成精品工程、百年工程，编制组在全面总结以往建设经验的基础上，结合新时期的要求和安徽省实际情况，组织具有较高理论水平和丰富实践经验的专家、学者编写了《安徽省水利工程项目法人管理工作手册》。

本书围绕项目法人组建、项目前期工作、项目建设实施、验收及后评价等四个方面展开，规范了项目法人在水利工程建设全过程中的管理要求，适用于大中型水利工程项目法人管理工作，也可供其他小型工程项目法人参考。

本书在编写过程中得到了水利部建设管理与质量安全中心、安徽省水利厅、安徽省淮河水利委员会水利科学研究院、安徽省水利水电基本建设管理局、安徽省水利工程质量监督中心站、安徽省水利水电行业协会、合肥市水利工程建设管理中心等单位和有关专家的指导和帮助，并参阅了相关专家学者的著作及相关文献，在此一并表示衷心的感谢！

由于项目法人管理工作是一项系统工程，项目法人管理机制在实践中不断推陈出新，加之编者水平所限，书中难免存在不足之处，敬请广大读者批评指正。

编　者

2022 年 6 月

目　录

1　项目法人组建

水利工程项目法人对建设项目的立项、筹资、建设、生产经营、还本付息以及资产保值增值的全过程负责，并承担投资风险。代表项目法人对建设项目进行管理的建设单位是项目建设的直接组织者和实施者，按项目的建设规模、投资总额、建设工期、工程质量实行项目建设的全过程管理，对国家或投资各方负责。

项目法人责任制是水利建设的核心制度，各地各单位要高度重视，切实加强领导，重视项目法人的组建工作，充实项目法人力量，规范项目法人行为，确保项目法人发挥建设管理的核心作用。

本章主要依据《水利部关于印发水利工程建设项目法人管理指导意见的通知》（水建设〔2020〕258 号）、《水利工程建设项目管理规定（试行）》（水建〔1995〕128 号，2014 年修正、2016 年修正）、安徽省水利厅《关于进一步规范中小型水利工程建设项目法人工作的通知》（皖水基〔2012〕293 号）、安徽省水利厅《关于进一步加强水利工程建设管理的通知》（皖水建设函〔2019〕435 号）等相关政策文件，介绍水利工程项目组建要求、组建条件、主要职责，以及近年来围绕加强项目法人建设管理能力，出现的委托代建、项目管理总承包、全过程咨询等新兴的建设管理模式。

1.1　项目法人组建要求

1.1.1　项目法人组建方案

水利工程建设项目可行性研究报告中应明确项目法人的组建主体，提出建设期项目法人机构设置方案。可行性研究报告获批准后，项目法人组建单位应尽快完成项目法人组建，并按项目法人责任制实行项目管理。

项目法人筹备机构或有关水行政主管部门拟订项目法人组建方案，其内容应包括项目法人类型、模式、名称、内设机构、人员组成、主要负责人和技术负责人选、办公地点、经费财产落实等，组建方案经研究同意后，以负责组建单位名义发布组建文件。

项目法人组建方案见表 1-1。

表 1-1 项目法人组建方案

序号	组建主体		备注
1	政府出资	县级以上人民政府或其授权的水行政主管部门或者其他部门（以下简称政府或其授权部门）负责组建	
2	政府与社会资本方共同出资	由政府或其授权部门和社会资本方协商组建	
3	社会资本方出资	由社会资本方组建	组建方案需按国家关于投资管理的法律法规及相关规定经工程所在地县级以上人民政府或其授权部门同意
4	在国家确定的重要江河、湖泊建设的流域控制性工程及中央直属水利工程，原则上由水利部或流域管理机构负责组建		
5	其他项目的项目法人组建层级，由省级人民政府或其授权部门结合本地实际，根据项目类型、建设规模、技术难度、影响范围等因素确定		其中，新建库容 10 亿立方米以上或坝高大于 70 米的水库、跨地级市的大型引调水工程，应由省级人民政府或其授权部门组建项目法人，或由省级人民政府授权工程所在地市级人民政府组建项目法人
6	跨行政区域的水利工程建设项目，一般应由工程所在地共同的上一级政府或其授权部门组建项目法人，可分区域由所在地政府或其授权部门分别组建项目法人		

安徽省要求，各地可按“建管一体”的原则组建项目法人，也可由政府（项目主管部门）明确专业项目法人机构，或采取市场化方式择优选定专业建管机构承担项目建设管理任务，不宜临时组建建管机构作为项目法人。各市、县（区）可积极推行项目集中建设管理模式，组建企（事）业性质的专业项目法人机构，承担辖区内水利工程建设管理任务。

安徽省中小型水利工程应按照专业化管理的要求，集中组建项目法人。安徽省项目法人组建原则与程序见表 1-2。

表 1-2 安徽省项目法人组建原则与程序

序号	主要类型	原则与程序
1	工程建设内容和治理范围跨县（区）的中型水利工程	原则上以市为主体组建项目法人，相关县（区）可设立现场管理机构；其组建方案经省水利厅审查后，报市政府批准组建
2	不跨县（区）的中小型水利工程	一般由县（区）集中组建一个项目法人，可按项目类型设立若干工程建设现场管理机构，分别承担不同类型项目的现场建设管理职责；组建方案经市级水行政主管部门审查后，报县（区）政府批准组建，报省水利厅备案

有条件的县可组建常设的项目法人，办理法人登记手续，落实人员编制和工作经费，承担本县水利工程的建设管理职责。

实行集中建设管理模式的中小型水利工程，项目法人由县级人民政府或其委托的同级水行政主管部门负责组建，报上一级水行政主管部门和省级水行政主管部门备案。

注意事项：

(1) 有条件的地区应及时组建项目法人，在项目立项阶段参与相关工作。

(2) 鼓励各级政府或其授权部门组建常设专职机构，履行项目法人职责，集中承担辖区内政府出资的水利工程建设。

(3) 积极推行按照建设运行管理一体化原则组建项目法人。对已有工程实施改扩建或除险加固的项目，可以以已有的运行管理单位为基础组建项目法人。

1.1.2 项目法人的组建条件

组建项目法人过程中要充分考虑到项目类型、规模和技术复杂程度等因素，并符合表 1-3 的基本条件。

表 1-3 项目法人的基本条件

序号	主要内容	备注
1	具有独立法人资格，能够承担与其职责相适应的法律责任	
2	具备与工程规模和技术复杂程度相适应的组织机构	工程技术、计划合同、质量安全、财务、综合等内设机构
3	总人数应满足工程建设管理需要	大型≥30 人，中型≥12 人，小型≥6 人，其中，工程专业技术人员≥50%
4	项目法人的主要负责人、技术负责人和财务负责人应具备相应的管理能力和工程建设管理经验。其中，技术负责人应为专职人员，有从事类似水利工程建设管理的工作经历和经验，能够独立处理工程建设中的专业问题，并具备与工程建设相适应的专业技术职称	大型水利工程和坝高大于 70 米的水库工程项目法人技术负责人应具备水利或相关专业高级职称或执业资格，其他水利工程项目法人技术负责人应具备水利或相关专业中级以上职称或执业资格

项目法人法定代表人不得由其项目（行业）主管部门的主要负责人、纪检监察负责人兼任，行业主管部门人员不得在项目法人单位兼职。

项目法人根据需要设立现场建设管理机构作为其派出机构的，应根据实际情况明确现场建设管理机构的职责，做到责任落实、监管到位。

县级以上人民政府可根据工作需要建立工程建设工作协调机制，加强对水利工程建设的组织领导，协调落实工程建设地方资金和征地拆迁、移民安置等工程建设相关的重要事项，为项目法人履职创造良好的外部条件。

注意事项：

（1）各级政府及其组成部门不得直接履行项目法人职责，政府部门工作人员在项目法人单位任职期间不得同时履行水利建设管理相关行政职责。

（2）水利工程建设期间，项目法人主要管理人员应保持相对稳定。

（3）有条件的情况下，尽早确定运管单位，并要求运管单位派员参与项目建设管理工作，便于施工环境协调、工程完工后移交和后期项目运营管理。

1.2 项目法人的主要职责和制度

1.2.1 主要职责

项目法人对工程建设的质量、安全、进度和资金使用负首要责任，应承担表 1-4 所列主要职责（中小型水利工程可参照执行）。

表 1-4 项目法人的主要职责

序号	主要内容
1	组织开展或协助水行政主管部门开展初步设计编制、报批等相关工作
2	按照基本建设程序和批准的建设规模、内容，依据有关法律法规和技术标准组织工程建设
3	根据工程建设需要组建现场管理机构，任免其管理、技术及财务等重要岗位负责人
4	负责办理工程质量、安全监督及开工备案手续
5	参与做好征地拆迁、移民安置工作，配合地方政府做好工程建设其他外部条件落实等工作
6	依法对工程项目的勘察、设计、监理、施工、咨询和材料、设备等组织招标或采购，签订并严格履行有关合同
7	组织施工图的设计审查，按照有关规定履行设计变更的审查或审核与报批工作
8	负责监督检查现场管理机构和参建单位建设管理情况，包括工程质量、安全生产、工期进度、资金支付、合同履约、农民工工资保障以及水土保持和环境保护措施落实等情况
9	负责组织设计交底工作，组织解决工程建设中的重大技术问题
10	组织编制、审核、上报项目年度建设计划和资金预算，配合有关部门落实年度工程建设资金，按时完成年度建设任务和投资计划，依法依规管理和使用建设资金
11	负责组织编制、审核、上报在建工程度汛方案和应急预案，落实安全度汛措施，组织应急预案演练，对在建工程安全度汛负责
12	组织或参与工程及有关专项验收工作

续表

序号	主要内容
13	负责组织编制竣工财务决算，做好资产移交相关工作
14	负责工程档案资料的管理，包括对各参建单位相关档案资料的收集、整理、归档工作进行监督、检查
15	负责开展项目信息管理和参建各方信用信息管理相关工作
16	接受并配合有关部门开展的审计、稽察、巡查等各类监督检查，组织落实整改要求
17	法律法规规定的职责及应当履行的其他职责

1.2.2　主要制度

为加强工程建设管理，严格基本建设程序，确保工程保质保量安全完成，项目法人单位应建立健全相关制度，包括但不限于以下制度文件：工程建设方面有设计变更管理、法人验收、档案管理、合同管理、农民工工资等；合同管理方面有合同管理、合同款支付、招标投标等；质量安全方面有安全生产管理、质量管理、建设期水土保持、建设期环境保护等；财务管理方面有建设管理费使用、财务管理、财务人员管理等，以及决策管理、党建管理、行政综合、内部管理等制度。

1.3　其他建设管理模式

1.3.1　政策依据

《关于水利工程建设项目代建制管理的指导意见》（水建管〔2015〕91号）；

《关于培育发展工程总承包和工程项目管理企业的指导意见》（建市〔2003〕30号）；

《水利水电工程全过程工程咨询服务导则》（中国工程咨询协会2021年第3号公告）。

1.3.2　其他项目管理模式

不能按照水利工程建设项目法人应具备基本条件组建项目法人的，应通过委托代建、项目管理总承包、全过程咨询等方式，引入符合相关要求的社会专业技术力量，协助项目法人履行相应管理职责。

社会专业技术力量应按照合同约定承担相应职责，不替代项目法人的责任和义务。

1. 代建制

水利工程建设项目代建制是指政府投资的水利工程建设项目通过招标等方

式，选择具有水利工程建设管理经验、技术和能力的专业化项目建设管理单位（以下简称代建单位），负责项目的建设实施，竣工验收后移交运行管理单位的制度。

拟实施代建制的项目应在可行性研究报告中提出实行代建制管理的方案，经批复后在施工准备前选定代建单位。

具备条件的地区，可以在中小型公益性水利工程建设管理中试行代建制，由项目法人通过招标选择专业化的代建单位，负责组织实施工程建设。

代建单位职责：按照合同约定，组织项目招投标，择优选择勘察、设计（初步设计及以后阶段）、监理、施工单位和设备、材料供应商，对代建项目的工程质量、安全、进度和资金管理负责。地方政府负责协调落实地方配套资金和征地移民等工作，为工程建设创造良好的外部环境。

代建单位不得承担代建项目的施工以及设备、材料供应等工作。

2. 项目管理总承包

工程项目管理是指从事工程项目管理的企业受业主委托，按照合同约定，代表业主对工程项目的组织实施进行全过程或若干阶段的管理和服务。

工程项目管理企业不直接与该工程项目的总承包企业或勘察、设计、供货、施工等企业签订合同，但可以按合同约定，协助业主与工程项目的总承包企业或勘察、设计、供货、施工等企业签订合同，并受业主委托监督合同的履行。工程项目管理的具体方式及服务内容、权限、取费和责任等，由业主与工程项目管理企业在合同中约定。

工程项目管理主要有项目管理服务、项目管理承包等。

（1）项目管理服务（project management，PM）

决策阶段，为项目法人编制可行性研究报告，进行可行性分析和项目策划；实施阶段为项目法人提供招标代理、设计管理、采购管理、施工管理和试运行（竣工验收）等服务，代表业主对工程项目进行质量、安全、进度、费用、合同、信息等管理和控制。

（2）项目管理承包（project management contractor，PMC）

项目管理承包是指工程项目管理企业按照合同约定，除完成项目管理服务（PM）的全部工作内容外，还可以负责完成合同约定的工程初步设计（基础工程设计）等工作，但应当具有相应的工程设计资质。项目管理承包企业一般应当按照合同约定承担一定的管理风险和经济责任。

3. 全过程工程咨询

全过程工程咨询是指工程咨询方综合运用多学科知识、工程实践经验、现代科学技术和先进管理方法，采用多种服务方式组合，为委托方在项目投资决策、工程建设和运营维护等阶段持续提供局部或整体解决方案的智力服务。

水利水电工程全过程工程咨询服务可由一家具有综合能力的工程咨询单位实

施，或由多家具有不同专业特长的工程咨询单位联合实施，也可以根据建设单位的需求，依据全过程工程咨询单位自身的条件和能力，为工程建设全过程中的几个阶段提供不同层面的组织、管理、经济和技术服务。由多家工程咨询单位联合实施全过程工程咨询的，应明确牵头单位，并明确各单位的权利、义务和责任，且全过程工程咨询项目负责人应由牵头单位派出。

注意事项：

（1）新的建管模式不同程度上解决了传统项目法人模式存在的不足，优势各有侧重，在我省已有应用。但无论是代建单位、项目管理总承包单位还是全过程咨询单位，与项目法人都是合同关系，项目法人还是要承担与职责相适应的法律责任。

（2）项目法人通过购买服务方式，委托代建、项目管理、全过程咨询等单位负责项目管理；而设计采购施工（EPC）、设计施工（DB）等工程总承包模式，是承包单位按照与建设单位签订的合同，对工程设计、采购、施工等阶段实行总承包，并对工程的质量、安全、工期和造价等全面负责的工程建设组织实施方式，两者是有区别的。

2 项目前期工作

水利工程建设程序一般分为项目建议书、可行性研究报告、施工准备、初步设计、建设实施、生产准备、竣工验收、后评价等 8 个阶段。本章主要涉及水利工程项目类型划分、前期工作主要阶段、前期工作审批程序、相关专题报告审批程序等内容。

2.1 项目类型划分

2.1.1 政策依据

《水利工程建设程序管理暂行规定》（水建〔1998〕16 号，2014 年修正、2016 年修正、2017 年修正、2019 年修正）；

《水利水电工程等级划分及洪水标准》（SL 252—2017）；

《关于印发安徽省水利基本建设项目审批和年度投资计划管理暂行办法的通知》（皖发改农经规〔2018〕1 号）。

2.1.2 项目类型

水利工程可按照项目功能和作用、对社会和国民经济发展的影响进行划分，详见表 2-1。

表 2-1 水利基本建设项目类别划分

按功能和作用	公益性项目：指具有防洪、排涝、抗旱和水资源管理等社会公益性管理和服务功能，自身无法得到相应经济回报的水利项目，如堤防工程、河道整治工程、蓄滞洪区安全建设、除涝、水土保持、生态建设、水资源保护、贫困地区人畜饮水、防汛通信、水文设施等
	准公益性项目：指既有社会效益又有经济效益的水利项目，其中大部分是以社会效益为主，如综合利用的水利枢纽（水库）工程、大型灌区节水改造工程等
	经营性项目：指以经济效益为主的水利项目，如城市供水、水力发电、水库养殖、水上旅游及水利综合经营等

续表

按其对社会和国民经济发展的影响	中央项目：指对国民经济全局、社会稳定和生态环境有重大影响的防洪、水资源配置、水土保持、生态建设、水资源保护等项目，或中央认为负有直接建设责任的项目。中央项目应在规划中界定，在审批项目建议书或可行性研究报告时予以明确。中央项目由水利部（或流域机构）负责组织建设并承担相应责任
	地方项目：指局部受益的防洪除涝、城市防洪、灌溉排水、河道整治、供水、水土保持、水资源保护、中小型水电建设等项目。地方项目应在规划中界定，在审批项目建议书或可行性研究报告时予以明确。地方项目由地方人民政府负责组织建设并承担相应责任。 地方项目按审批程序、资金来源分为三类：中央参与投资的地方项目、中央补助地方项目、一般地方项目。中央参与投资的地方项目是指由中央审批立项，并在立项阶段确认中央投资额度的项目；中央补助地方项目是指由地方审批立项、中央根据有关政策给予适当投资补助的项目；一般地方项目是指由地方审批立项并全部由地方投资建设的项目

水利工程按投资来源分为国家投资、中央和地方合资、企事业单位独资、合资以及其他投资方式兴建的防洪、除涝、灌溉、发电、供水、围垦等（包括新建、续建、改建、加固、修复）工程建设项目。

水利水电工程的等别，应根据其工程规模、效益和在经济社会中的重要性划分，见表2-2。

表2-2　水利水电工程分等指标

工程等别	工程规模	水库总库容（亿方）	防洪			治涝	灌溉	供水		发电
			保护人口（万人）	保护农田面积（万亩）	保护区当量经济规模（万人）	治涝面积（万亩）	灌溉面积（万亩）	供水对象重要性	年引水量（亿方）	发电装机容量（兆瓦）
Ⅰ	大（1）型	≥10	≥150	≥500	≥300	≥200	≥150	特别重要	≥10	≥1200
Ⅱ	大（2）型	<10，≥1	<150，≥50	<500，≥100	<300，≥100	<200，≥60	<150，≥50	重要	<10，≥3	<1200，≥300
Ⅲ	中型	<1，≥0.1	<50，≥20	<100，≥30	<100，≥40	<60，≥15	<50，≥5	比较重要	<3，≥1	<300，≥50
Ⅳ	小（1）型	<0.1，≥0.01	<20，≥5	<30，≥5	<40，≥10	<15，≥3	<5，≥0.5	一般	<1，≥0.3	<50，≥10
Ⅴ	小（2）型	<0.01，≥0.001	<5	<5	<10	<3	<0.5		<0.3	<10

根据国家相关规范、标准，水利工程等别根据工程规模、效益和在经济社会中的重要性，按其综合利用任务和功能类别或不同工程类型予以确定，一般分为大型、中型和小型。

2.2 前期工作主要阶段

2.2.1 政策依据

《水利工程建设程序管理暂行规定》（水建〔1998〕16号，2014年修正、2016年修正、2017年修正、2019年修正）。

2.2.2 主要阶段

水利工程前期工作主要包括项目建议书、可行性研究、施工准备、初步设计4个阶段。

1. 项目建议书阶段

（1）项目建议书应根据国民经济和社会发展长远规划、流域综合规划、区域综合规划、专业规划、专项规划，按照国家产业政策和国家有关投资建设方针进行编制，是对拟进行建设项目的初步说明。

（2）项目建议书应按照《水利水电工程项目建议书编制规程》（SL/T 617—2021）编制。

（3）项目建议书编制一般由政府委托有相应资格的设计单位承担，并按国家现行规定权限向主管部门申报审批。项目建议书被批准后，由政府向社会公布，若有投资建设意向，应及时组建项目法人筹备机构，开展下一阶段建设程序工作。

2. 可行性研究阶段

（1）可行性研究应对项目进行方案比较，在技术上是否可行和经济上是否合理进行科学的分析和论证。经过批准的可行性研究报告是项目决策和进行初步设计的依据。可行性研究报告由项目法人（或筹备机构）组织编制。

（2）可行性研究报告应按照《水利水电工程可行性研究报告编制规程》（SL/T 618—2021）编制。

（3）可行性研究报告，按国家现行规定的审批权限报批。申报项目可行性研究报告，必须同时提出项目法人组建方案及运行机制、资金筹措方案、资金结构及回收资金的办法。

（4）可行性研究报告经批准后，不得随意修改和变更，如果在主要内容上有重要变动，应经原批准机关复审同意。项目可行性报告批准后，应正式成立项目法人，并按项目法人责任制实行项目管理。

3. 施工准备阶段

（1）项目可行性研究报告已经批准，年度水利投资计划下达后，项目法人即可开展施工准备工作，其主要内容包括：施工现场的征地、拆迁；完成施工用水、电、通信、路和场地平整等工程；必需的生产、生活临时建筑工程；实施经批准的应急工程、试验工程等专项工程；组织招标设计、咨询、设备和物资采购等服务；组织相关监理招标，组织主体工程招标准备工作。

（2）工程建设项目施工，除某些不适应招标的特殊工程项目外（需经水行政主管部门批准），均实行招标投标。水利工程建设项目的招标投标，按有关法律、行政法规和《水利工程建设项目招标投标管理规定》等执行。

4. 初步设计阶段

（1）初步设计是根据批准的可行性研究报告和必要而准确的设计资料，对设计对象进行通盘研究，阐明拟建工程在技术上的可行性和经济上的合理性，规定项目的各项基本技术参数，编制项目的总概算。初步设计任务应择优选择有项目相应资格的设计单位承担。

（2）初步设计报告应按照《水利水电工程初步设计报告编制规程》（SL/T 619—2021）编制。

（3）初步设计文件报批前，一般需由项目法人对初步设计中的重大问题组织论证。设计单位根据论证意见，对初步设计文件进行补充、修改、优化。初步设计由项目法人组织审查后，按国家现行规定权限向主管部门申报审批。

（4）设计单位必须严格保证设计质量，承担初步设计的合同责任。初步设计文件经批准后，主要内容不得随意修改、变更，并作为项目建设实施的技术文件基础，如有重要修改、变更，须经原审批机关复审同意。

注意事项：

不是所有水利工程前期工作都必须经历上述4个阶段，要根据国家和省级有关文件的要求适当简化，一般有规划依据的项目可直接开展可研阶段工作，病险水库（水闸）加固、中小河流治理、农村水系综合整治、水土保持等可直接开展初步设计或实施方案编制工作。

2.3　前期工作审批程序

2.3.1　政策依据

《国家发展和改革委员会关于下放政府出资水利项目审批事项的通知》（发改农经〔2017〕2296号）；

《关于印发安徽省水利基本建设项目审批和年度投资计划管理暂行办法的通知》（皖发改农经规〔2018〕1号）。

2.3.2 报批程序和审批权限

1. 国家批复立项项目详见表 2-3。

表 2-3 国家批复立项项目报批程序和权限

国家批复立项项目类型	项目建议书或可行性研究报告审批程序和权限	初步设计审批程序和权限
1. 列入国务院或国家发展和改革委员会批准的水利发展建设规划； 2. 新建库容 10 亿立方米及以上或坝高大于 70 米的大型水库、大型引调水、大江大河（大湖）干流重点河段治理、重要蓄滞洪区建设； 3. 其他涉及跨国界河流、跨省（区、市）水资源配置调整和按规定需报国务院审批的重大项目	地方组织编制（含各项前置专题报告）；省水利厅和省发改委联合上报水利部和国家发展改革委员会；水利部或委托相关流域机构组织技术审查后，水利部将相关审查意见转报国家发展和改革委员会；国家发展和改革委员会批复立项（可研受理前，所有前置专题需批复）	省水利厅报水利部，水利部或委托流域机构组织技术审查后批复

2. 地方批复立项项目详见表 2-4。

表 2-4 地方批复立项项目报批程序和权限

<table>
<tr><th>项目类型</th><th colspan="2">审批程序和权限</th></tr>
<tr><td rowspan="3">新建水库、引调水项目</td><td>纳入国家规划的新建库容小于 10 亿立方米、坝高低于 70 米，不涉及跨省水资源配置调整的大型水库和中小型引调水工程</td><td rowspan="2">直接编制可行性研究报告，省水利厅审查，省发改委审批；初步设计由省水利厅审批</td></tr>
<tr><td>纳入国家和省规划的新建中型项目</td></tr>
<tr><td>纳入地方规划的新建小型水库项目</td><td>直接编制可行性研究报告，市县水利部门技术审查后，由市县发改委审批；初步设计由市县水利部门审批（其中坝高超过 15 米或总库容大于 500 万立方米新建小型水库，由省水利厅技术审查）</td></tr>
<tr><td>水库水闸除险加固项目</td><td>按照《水库大坝安全鉴定办法》已完成安全鉴定和核查确认需要进行除险加固的项目</td><td>直接编制初步设计报告，其中，大、中型病险水库和大型病险水闸以及省级组织实施的中型病险水闸除险加固工程初步设计由省水利厅审批；其他项目直接编制初步设计或实施方案由市县水利部门审批</td></tr>
<tr><td>大型灌区续建配套与节水改造</td><td>应纳入国家规划或总体实施方案</td><td>编制总体可行性研究报告，省水利厅审查，省发改委审批；年度初步设计由省水利厅审批</td></tr>
</table>

续表

项目类型	审批程序和权限	
新建或改造灌排泵站	大中型泵站应纳入国家或省相关规划（实施方案）	直接编制可行性研究报告，省水利厅审查，省发改委审批；大型泵站和位于长江、淮河二级以上干堤上的泵站初步设计由省水利厅审批，其他中型泵站初步设计由市级负责审批
	小型灌溉、排涝泵站	小型灌溉、排涝泵站项目可行性研究报告由市县审批；初步设计由市级负责审批
河道治理项目	国家和省级投资建设的主要河道治理和跨市的重要河道治理项目	项目应纳入国家或省相关规划（实施方案）直接编制可行性研究报告，省水利厅审查，省发改委审批；初步设计由省水利厅审批
	列入国家或省级规划（实施方案）内中小河流治理项目	直接编制初步设计，其中跨市河流或单条河流治理投资在1亿元以上的，由省水利厅审批；其余项目由市级审批、报省水利厅备案
小型水利工程	已纳入国家或省相关规划的节水示范、机电排灌等小型项目	直接编制实施方案，达到初步设计深度，实施方案经市县水利部门技术审查后由同级发展改革部门审批
	已纳入国家或省相关规划水土保持项目	直接编制初步设计，经市或省管县水利部门技术审查后，由同级发展改革部门审批
农村饮水安全工程	分县（市、区）编制总体实施方案，达到初步设计深度	由县级水利部门提出技术审查意见后，同级发展改革部门审批。日供水1000立方米以上或供水人口1万人以上的农村饮水安全工程应单独编制初步设计，报市级水利部门审批
其他水利项目和利用外资项目	按国家和省有关规定执行	

注意事项：

（1）设计投资概算超过可行性研究报告批准的投资估算规定的10%（或发生重大变更的）时，项目单位应当报告项目审批部门。项目审批部门可以要求项目单位重新组织编制和报批可行性研究报告。

（2）设计概算因政策调整、价格上涨、地质条件发生重大变化等原因确需调整投资概算的，由项目单位提出调整方案，按照规定程序报原概算核定部门核定。概算调增幅度超过原批复概算10%的，概算核定部门原则上先商请审计机关进行审计，并依据审计结论进行概算调整。

2.4 相关专题报告审批程序

水利工程建设项目一般涉及征地移民安置规划、用地预审与选址意见书、工程建设涉及城市绿地审批等专题，根据水利工程建设范围和设计方案不同可能包含其中若干项。

可研报告批复前置专题共10项：自然保护区等生态影响评价、不可避让生态红线论证、社会稳定风险评估、土地预审、规划选址意见、征地移民安置规划大纲、征地移民安置规划、航道通航条件影响评价、资金筹措方案、地震安全性评价。

可研报告报批前同步开展专题共4项：环境影响评价、压覆重要矿床（矿产资源）评估、地质灾害危害性评估、文物保护方案。

开工前需完成专题共7项：林地组卷报批、工程建设涉及城市绿地审批、临时用地组卷报批、永久用地组卷报批（含先行用地审批）、洪水影响评价类、水土保持方案、取水许可（国家审批、核准的建设项目，涉及取水许可审批事项时为可研前置专题，开工前完成专题审批）。

2.4.1 不可避让生态保护红线论证报告

1. 政策依据

《中共中央办公厅　国务院办公厅印发〈关于在国土空间规划中统筹划定落实三条控制线的指导意见〉的通知》（厅字〔2019〕48号）；

《建设项目不可避让生态保护红线论证意见审查程序》（皖自然资函〔2020〕113号）。

2. 主要内容

水利项目涉及生态保护红线确实难以避让的，需开展专题论证，通过生态保护红线不可避让论证并取得省政府审查意见，是办理用地预审与规划选址、环境影响评价等专题审批的前提。工作流程见表2-5。

表2-5　不可避让生态保护红线论证报告工作流程

报告编制	项目主管部门或市级人民政府呈报论证建议	并联审查		审批
项目建设单位委托技术单位编制并组织审查，由市级水行政主管部门请示行文上报市政府论证建议	情况1：省级以上投资立项的建设项目（其中水利工程仅限跨市项目）→由（省级）项目主管部门围绕建设项目的必要性、选址唯一性和减缓生态影响的主要措施等提出论证建议报省政府	省政府办公厅收到项目主管部门或市级人民政府呈报的建设项目不可避让生态保护红线论证报告后，即转审查组办公室及各成员单位实行并联审查	成员单位均审查通过的，审查组办公室牵头起草建设项目不可避让生态保护红线论证建议审查情况的汇报，以审查组名义提请省政府常务会议审议	省政府办公厅按照省政府常务会议议题送审流程提请省政府常务会议审议。审议通过的，省政府办公厅按照省政府发文流程出具论证意见

续表

报告编制	项目主管部门或市级人民政府呈报论证建议	并联审查		审批
	情况2：不跨市的水利工程及市级以下投资立项的其他建设项目→由市级人民政府就建设项目的必要性、选址唯一性和减缓生态影响的主要措施等提出论证建议→经建设项目省级行业主管部门审核同意→市政府论证建议（附论证报告）行文报省政府			

注意事项：

（1）当前处于县级以上国土空间规划编制和生态保护红线评估调整工作完成前的过渡期，仅自然保护地核心保护区外的国家重大战略项目及省级以上线性基础设施，允许占用生态保护红线。

（2）论证报告文本编制主要内容：生态红线、自然保护地、公益林、水产种质资源保护区、水环境保护区等占用面积、穿越方式、不可避让性论证、选址方案论证优化过程，采取的工程、水土、生态、环境等保护补偿措施等。

（3）省林业局（并联审查成员单位）审查需要：项目用地矢量数据（要有完整的项目边界范围，标明临时和永久占地、隧道穿越、跨越穿越部分。格式为shp格式，大地2000坐标系），市林业局出具不涉及自然保护区、风景名胜区、湿地公园、森林公园、地质公园的说明，公益林及其他自然保护地证明文件（上述资料刻光盘4份分送森林资源处、湿地处、保护地处、公园中心，若涉及，需预先完成自然保护区相关审批办理）。

（4）建设单位在江河、湖泊新建、改建、扩建排污口的，应当取得水行政主管部门或者流域管理机构同意；涉及通航、渔业水域的，环境保护主管部门在审批环境影响评价文件时，应当征求交通、渔业主管部门的意见。建设项目涉及饮用水水源和其他特殊水体保护、水环境保护区项目的，应当征询生态环境、水行政等主管部门的意见。

2.4.2　用地预审与规划选址意见

该专题为可研审批要件。各级自然资源主管部门主要对项目选址合理性、规划符合性以及涉及占用永久基本农田补划论证等内容进行审查，最终由具有审批权限的自然资源部门批复，核发项目用地预审与规划选址意见书。

1. 政策依据

《自然资源部关于做好占用永久基本农田重大建设项目用地预审的通知》（自然资规〔2018〕3 号）；

《自然资源部　农业农村部关于加强和改进永久基本农田保护工作的通知》（自然资规〔2019〕1 号）；

《自然资源部关于以“多规合一”为基础推进规划用地“多审合一、多证合一”改革的通知》（自然资规〔2019〕2 号）。

2. 主要内容

一般需提供的资料及流程详见表 2-6。

表 2-6　用地预审与规划选址相关资料及流程

序号	主要内容
一	办理需提供的材料（12 项）
	建设项目用地预审与选址意见书申请表与申请报告、项目建设依据、项目登记信息单、市县自然资源主管部门初审意见、项目规划选址论证报告及专家审查意见、土地用途调整方案及永久基本农田补划方案、土地利用和耕地保护专项报告、国土空间规划相关图件、项目选址相关部门征求意见、市县人民政府相关承诺函、项目用地分类面积表、项目用地矢量数据（shp、txt 格式）
二	办理流程（一般分为三个阶段：前期准备阶段、永久基本农田占用和补划论证阶段、审查审批阶段）
1	前期准备阶段：建设单位组织技术力量对项目建设依据与用地政策合规性、选址的科学合理性、用地标准的合规性、涉及“三线”（永久基本农田、生态保护红线、城镇开发边界）和自然保护地情况及对应措施等分析
2	永久基本农田占用和补划论证阶段：涉及占用永久基本农田的项目，建设单位组织技术力量编制项目土地用途调整方案及永久基本农田补划方案、土地利用和耕地保护专项报告等，完成主管部门对项目占用永久基本农田的不可避让性和合理性以及补划永久基本农田的可行性论证、现场实地踏勘以及省级专家论证会；永久基本农田占比超过 50%的，在上报省自然资源厅前完成行业专家论证；通过省自然资源厅审核后批复项目占用永久基本农田补划及用地预审实地踏勘论证意见、土地用途调整方案及永久基本农田补划方案论证意见
3	审查审批阶段：建设单位组织技术力量汇总材料，逐级向县（区）、市以及省级自然资源主管部门申请办理。不涉及永久基本农田的项目实行同级审批，涉及永久基本农田的项目通过省自然资源厅审核后，上报自然资源部审批（涉及审批权下放的，以实时文件为准）

注意事项：

（1）项目用地规模需符合行业用地标准或安徽省建设用地使用标准（2020 年版），标准之外的根据实际情况补充说明或附件。

（2）高质量的用地预审可大幅减少用地报批阶段工作，项目设计单位对相关土地政策要求不能全面掌握，建议用地报批单位在此阶段就全面介入，协助项目单位搞好用地预审工作。

2.4.3 征地拆迁与移民安置大纲和规划

1. 政策依据

《大中型水利水电工程建设征地补偿和移民安置条例》（国务院令第 679 号）。

2. 征地拆迁和移民安置规划

征地拆迁与移民安置规划通常由可研编制单位作为技术支撑力量，协助主管部门或项目法人、地方人民政府开展相关工作，一般分为三个阶段，详见表 2-7。

表 2-7 征地拆迁和移民安置规划三个阶段

<table>
<tr><th>阶段内容</th><th colspan="2">审批流程</th><th>审批部门</th><th>备注</th></tr>
<tr><td>实物调查</td><td>市级政府申请省级人民政府发布停建通告</td><td>编制实物调查细则，并报移民安置规划大纲审查单位备案，项目主管部门或法人会同地方人民政府实施</td><td>公示后由相关县级以上人民政府签署意见</td><td>实物调查需全面准确，被调查者签字认可</td></tr>
<tr><td rowspan="2">移民安置规划大纲编报</td><td colspan="2">国家负责审批的水利工程，由省水利厅上报水利部审查</td><td>水利部联合省政府批复</td><td rowspan="4">附具省政府停建通告、省级文物核查文（直接请示函复）、压覆矿产资源核查文件（县、市、省三级资源部门逐级函复文件）、属地地方政府实物调查和移民方案确认函</td></tr>
<tr><td colspan="2">省级负责审批的水利工程，由工程牵头的市政府或省水利厅上报省政府，省政府安排省发展和改革委员会（省水库移民管理局）组织审查</td><td>省政府批复</td></tr>
<tr><td rowspan="2">移民安置规划报告编报</td><td colspan="2">国家负责审批的水利工程，由省水利厅上报水利部审查后，省移民管理机构出具移民规划报告审核意见，省发改委报送国家发展改革委员会审批</td><td>水利部
国家发展和改革委员会</td></tr>
<tr><td colspan="2">省级负责审批的水利工程，经省政府移民管理机构审核后，由项目法人或者项目主管部门报省发展和改革委员会</td><td>省发展和改革委员会</td></tr>
</table>

2.4.4 社会稳定风险评估

1. 政策依据

《国家发展和改革委员会关于印发重大固定资产投资项目社会稳定风险评估暂行办法的通知》（发改投资〔2012〕2492 号）；

《国家发展和改革委员会办公厅关于印发重大固定资产投资项目社会稳定风险分析篇章和评估报告编制大纲（试行）的通知》（发改办投资〔2013〕428 号）；

《安徽省人民政府关于印发重大决策风险评估办法的通知》（2017 年 10 月 9 日）。

2. 主要内容

社会稳定风险分析应当作为项目可行性研究报告、项目申请报告的重要内容并设独立篇章，为项目可研审批的前置条件。

本省区域内实施的重大建设项目、经预研判断可能引发社会不稳定问题的其他建设项目，建设单位在组织开展项目前期工作时，应当对社会稳定风险进行调查分析，征询相关群众意见，查找并列出风险点、风险发生的可能性及影响程度，提出防范和化解风险的方案措施，提出采取相关措施后的社会稳定风险等级建议。

社会稳定风险评估报告的主要内容为项目建设实施的合法性、合理性、可行性、可控性，可能引发的社会稳定风险，各方面意见及其采纳情况，风险评估结论和对策建议，风险防范和化解措施以及应急处置预案等。仅认定为“低风险”的工程，方可获批实施。

3. 报批流程

一般由项目法人委托设计单位编制风险分析报告→风险评估论证报告由第三方咨询单位完成（需走访座谈相关部门、群众，发放问卷调查等方式）→咨询单位汇报，项目单位邀请组织政法部门、可研审查部门、专家等召开评估报告审查会，形成审查意见→咨询单位协助评估主体（项目单位）填报《重大决策事项社会稳定风险评估备案表》→按权限报相应级别政法委部门盖备案专用章确认。

2.4.5 洪水影响评价

1. 政策依据

《水利部简化整合投资项目涉水行政审批实施办法（试行）》（水规计〔2016〕22号）；

《关于明确由长江水利委员会负责审查并签署水工程建设规划同意书的河流（河段）湖泊名录和范围（试行）的通知》（水规计〔2010〕175号）；

《关于印发淮河水利委员会水工程建设规划同意书制度管理办法实施细则的通知》（淮委规计〔2013〕314号）；

《水利部太湖流域管理局关于印发水工程建设规划同意书制度管理办法实施细则的通知》（太管规计〔2017〕143号）；

《安徽省〈水工程建设规划同意书制度管理办法〉实施细则（试行）》（皖水规计〔2011〕241号）。

2. 主要内容

将水工程建设规划同意书审核、河道管理范围内建设项目工程建设方案审批、非防洪建设项目洪水影响评价报告审批、国家基本水文测站上下游建设影响水文监测工程的审批归并为“洪水影响评价类审批”。编制要求详见表2-8。

表2-8 洪水影响评价类审批

序号	项目类型	审批
1	在江河、湖泊上新建、扩建以及改建并调整原有功能的水工程	符合其中任一情形的工程均需编制履行洪水影响评价行政许可
2	在洪泛区、蓄滞洪区内建设非防洪建设项目	
3	在国家基本水文监测站上下游建设影响水文监测的工程	

注意事项：

（1）通常以项目法人为单位编制送审技术报告，技术报告应包含涉及情形相应内容，并符合原审批事项的有关技术要求。

（2）审批权限属于不同层级，由上一级水行政主管部门组织开展审批工作。审批权限属于流域管理机构和地方水行政主管部门的，由流域管理机构负责实施，有关地方水行政主管部门参与；项目范围涉及两级以上或者两个以上地方水行政主管部门的，原则上由上级或者共同的上一级地方水行政主管部门负责实施，有关的下级水行政主管部门参与。

2.4.6　水土保持方案

1. 政策依据

《中华人民共和国水土保持法》（2010 年 12 月 25 日中华人民共和国主席令第三十九号公布）；

《开发建设项目水土保持方案编报审批管理规定》（水利部令第 5 号发布，2017 年水利部令第 49 号修改）；

《水利部关于进一步深化“放管服”改革全面加强水土保持监管的意见》（水保〔2019〕160 号）；

《水利部办公厅关于做好生产建设项目水土保持承诺制管理的通知》（办水保〔2020〕160 号）；

《安徽省实施〈中华人民共和国水土保持法〉办法》；

《关于全省开发区水土保持区域评估工作的指导意见》（皖建审改组〔2021〕1 号）。

2. 主要内容

在山区、丘陵区、风沙区以及因生产建设活动扰动地表、损坏植被造成轻度以上水土流失的平原区，开办下列生产建设项目，生产建设单位应当编制水土保持方案，报县级以上人民政府水行政主管部门审批。

（1）铁路、公路、机场、港口、码头、桥梁、通信、市政、水工程等基础设施项目；

（2）电力、石油、天然气等能源设施项目；

（3）矿产开采、房地产开发、农业开发、旅游开发等项目；

（4）可能造成水土流失的其他生产建设项目。

水土保持方案报告书和报告表应当在项目开工前报水行政主管部门（或者地方人民政府确定的其他水土保持方案审批部门）审批，其中对水土保持方案报告表和开发区内项目水土保持方案实行承诺制管理。

水土保持方案报告编制要求和审批权限见表 2-9。

表 2-9　水土保持编制要求和审批权限表

<table>
<tr><th colspan="2">编制要求</th><th colspan="2">审批层级</th></tr>
<tr><td rowspan="3">水土保持方案报告书</td><td rowspan="3">征占地面积在5公顷以上或者挖填土石方总量在5万立方米以上</td><td>中央立项且征占地面积在50公顷以上或者挖填土石方总量在50万立方米以上的开发建设项目或者限额以上技术改造项目</td><td>水利部审批</td></tr>
<tr><td>中央立项，征占地面积不足50公顷且挖填土石方总量不足50万立方米的开发建设项目</td><td>省水利厅审批</td></tr>
<tr><td>地方立项的开发建设项目和限额以下技术改造项目（同级审批原则）</td><td>地方水行政主管部门审批</td></tr>
<tr><td>水土保持方案报告表</td><td>征占地面积在0.5公顷以上5公顷以下或者挖填土石方总量在1000立方米以上5万立方米以下</td><td>实行水土保持承诺制管理。水土保持方案报批前，应当及时向社会公开拟报批的水土保持方案全文，且持续公开期限不得少于10个工作日。对于公众提出的问题和意见，应逐一处理与回应，并在水土保持行政许可承诺书中予以说明</td><td>开发区内征占地面积在1公顷以上或者挖填土石方总量在1万立方米以上，同级审批；征占地面积不足1公顷且挖填土石方总量不足1万立方米，由县级水行政主管部门审批</td></tr>
</table>

注意事项：

（1）跨地区项目的水土保持方案，报上一级水行政主管部门审批。

（2）水土保持方案报告书、水土保持方案报告表的内容和格式应当符合《开发建设项目水土保持方案技术规范》和有关规定。

（3）已完成水土保持区域评估或已完成“五通一平”的开发区，征占地面积在10公顷以上或者挖填土石方总量在10万立方米以上的水利工程项目，应编制水土保持方案报告书。水土保持方案可由开发区管理机构集中统一申报或企业自行申报。

2.4.7　环境影响评价

1. 政策依据

《中华人民共和国环境影响评价法》。

2. 主要内容

按照《建设项目环境影响评价分类管理名录（2021年版）》，环境影响评价文件分为环境影响报告书、环境影响报告表、环境影响登记表。重点水利工程除不涉及环境敏感区的河湖整治项目审批环境影响报告表，新建大中型水库、新建灌区、新建大中型防洪治涝、大中型引调水等工程均需审批环境影响报告书。

根据《生态环境部审批环境影响评价文件的建设项目目录（2019年版）》，

在跨界河流、跨省（区、市）河流上建设的水库，涉及跨界河流、跨省（区、市）水资源配置调整的项目，由生态环境部审批环境影响评价文件；其他跨市水利工程、涉及跨市水资源配置调整的水利工程，由省生态环境厅审批；其他重点水利工程由市级生态环境部门审批。

注意事项：

环境影响评价在法规层面虽已不再是可行性研究审批的前置要件，但报国家审批项目通常要求工程环境影响评价通过专家审查，方受理审批工程可行性研究。

建设项目的环境影响评价文件未依法经审批部门审查或者审查后未予批准的，建设单位不得开工建设。建设项目的环境影响评价文件有效期为自批准之日起五年。

2.4.8 其他专题报告

1. 自然保护地生态影响评价

水利工程建设用地涉及占用自然保护区确实难以避让的，应当开展专题评价工作，通过自然保护区评价审批，是办理生态保护红线论证、用地预审与规划选址意见书、环境影响评价等专题审批的前置要件。

（1）政策依据

《中华人民共和国自然保护区条例》（1994 年国务院令第 167 号发布，2011 年第一次修订、2017 年第二次修订）；

《在国家级自然保护区修筑设施审批管理暂行办法》（国家林业局第 50 号令）；

《森林和野生动物类型自然保护区管理办法》（1985 年 6 月 21 日国务院批准）；

建设项目使用林地及在森林和野生动物类型国家级自然保护区建设审批（核）（2020 年 6 月 11 日，行政审批事项）。

（2）主要内容

报批程序：编制涉及自然保护区自然资源（生态系统、景观、主要保护对象）影响评价报告（需综合或具备林业调查资质要求）→属地县级政府同意占用意见→（自然保护地管理机构出具同意意见）→市级林业部门审核转报→省林业局审查（审批）。

注意事项：

在国家级自然保护区建设水利工程，须由国家林业和草原局批准，国家林业和草原局委托省林业局办理此项许可（国家林业和草原局公告 2021 年第 2 号，委托期 2 年，2021 年 2 月 1 日—2023 年 2 月 1 日），由省林业局审查起草批文，国家林业和草原局复核盖章。在省级自然保护区建设水利工程，须由省林业局批准。

涉及国家级风景名胜区的由省林业局审批，涉及省级风景名胜区的由风景名胜区管理机构审核。涉及地质公园的由地质公园管理机构审核。涉及省级及以上湿地公园的由省林业局审批，涉及市级湿地公园的由市林业局审批。涉及各级森林公园的由省林业局审批。

2. 水产种质资源保护区影响专题论证

（1）政策依据

《水产种质资源保护区管理暂行办法》（2011年1月5日农业部令〔2011〕第1号发布，2016年修订）。

（2）主要内容

水产种质资源保护区影响专题论证，是办理不可避让生态保护红线论证、用地预审、环境影响评价等的前置条件。

依据《水产种质资源保护区管理暂行办法》，水利工程建设涉及水产种质资源保护区的项目，建设单位组织技术力量编制项目水产种质资源保护区影响专题论证报告，省级以上人民政府渔业行政主管部门参与审查并组织专家对报告进行审查，依据结论出具相关意见。

3. 航道通航条件影响评价

（1）政策依据

《中华人民共和国航道法》。

（2）主要内容

水利工程占用航道设施及其保护范围或工程水力影响超出航道通航侧向流速限制要求的，或在通航河流上建设跨河（穿越）、临河、拦河三类建筑物，建设单位需编制通航条件影响评价报告，论证评价工程对航道通航条件影响并提出减小或者消除影响的应对措施，由有审核权的交通运输主管部门或者航道管理机构进行审核。根据项目立项类型，影响评价报告审核机关见表2-10。

表2-10　通航条件影响评价审核机关

项目类型	审核部门
国务院或者国务院有关部门批准、核准的建设项目，以及与国务院交通运输主管部门直接管理的航道有关的建设项目	国务院交通运输主管部门
除国务院交通运输主管部门审核的建设项目外，规划确定的四级以上航道上的建设项目	省航道管理部门
其他建设项目	所在地设区的市负责航道管理的部门

注意事项：

《中华人民共和国水上水下作业和活动通航安全管理规定》（中华人民共和国

交通运输部令2021年第24号）第六条规定，在内河通航水域或者岸线上进行下列水上水下作业或者活动，应当经海事管理机构许可，并根据需要核定相应安全作业区：（一）勘探，港外采掘、爆破；（二）构筑、设置、维修、拆除水上水下构筑物或者设施；（三）架设桥梁、索道；（四）铺设、检修、拆除水上水下电缆或者管道；（五）设置系船浮筒、浮趸、缆桩等设施；（六）航道建设施工、码头前沿水域疏浚；（七）举行大型群众性活动、体育比赛；（八）打捞沉船沉物。涉航项目开工前，需要先编制施工通航安全保障方案。经咨询认可，水上水下作业许可发放后，方可施工。

4. 建设项目压覆重要矿床（矿产资源）评估

（1）政策依据

《中华人民共和国矿产资源法》；

《中华人民共和国矿产资源法实施细则》。

（2）主要内容

建设项目压覆重要矿床（矿产资源）评估通常作为征地移民安置规划大纲、征地移民安置规划的附件。

根据《中华人民共和国矿产资源法》，在建设铁路、工厂、水库、输油管道、输电线路和各种大型建筑物或者建筑群之前，建设单位必须向所在省、自治区、直辖市地质矿产主管部门了解拟建工程所在地区的矿产资源分布和开采情况。非经国务院授权的部门批准，不得压覆重要矿床。

根据《中华人民共和国矿产资源法实施细则》，建设单位在建设铁路、公路、工厂、水库、输油管道、输电线路和各种大型建筑物前，必须向所在地的省、自治区、直辖市人民政府地质矿产主管部门了解拟建工程所在地区的矿产资源分布情况，并在建设项目设计任务书报请审批时附具地质矿产主管部门的证明。

通常由建设单位附具项目占地范围红线及周边外延2公里范围地理坐标范围线数据，逐级行文报县、市、省三级地质矿产主管部门出具核查证明文件，其结果作为征地移民安置规划报批支撑文件。压覆影响矿床的项目，需开展相应评估论证审批工作。

5. 文物保护方案

（1）政策依据

《中华人民共和国文物保护法》。

（2）主要内容

文物保护是工程建设方案、征地范围的重要影响因素，通常与可研同步开展，作为征地移民安置规划大纲、征地移民安置规划的附件。

依据《中华人民共和国文物保护法》，一般由建设单位将工程范围及永久占地方面数据图表和文件等，报请省文物局核查出具意见，工程建设涉及文物保护需求的，由专业资质单位编制文物保护方案，经权限文物部门审查审批，保护经费列入征地与移民安置规划投资中。

注意事项：

进行大型基本建设工程，建设单位应当事先报请省、自治区、直辖市人民政府文物行政部门组织从事考古发掘的单位在工程范围内有可能埋藏文物的地方进行考古调查、勘探。考古调查、勘探中发现文物的，由省、自治区、直辖市人民政府文物行政部门根据文物保护的要求会同建设单位共同商定保护措施；遇有重要发现的，由省、自治区、直辖市人民政府文物行政部门及时报国务院文物行政部门处理（此项含工程建设过程）。

6. 建设资金筹措方案

建设资金筹措方案一般在可研报告文本中列专章进行研究，涉及贷款项目需补充还款计划。其中，申请中央及省级以上财政资金水利工程的项目，由工程所在地政府向发展和改革委员会出具建设资金筹措方案及资本金或配套资金承诺函：国家负责审批的水利工程，由省政府向国家发展和改革委员会出具；省级负责审批的水利工程，由工程所在地市政府向省发展和改革委员会出具。

7. 地质灾害危害性评估

（1）政策依据

《地质灾害防治条例》。

（2）主要内容

通常可研审批前，地质灾害危害性评估需通过专家审查，作为可研报告及征地移民安置规划大纲、征地移民安置规划的附件。

根据《地质灾害防治条例》，在地质灾害易发区内进行工程建设应当在可行性研究阶段进行地质灾害危险性评估，并将评估结果作为可行性研究报告的组成部分；可行性研究报告未包含地质灾害危险性评估结果的，不得批准其可行性研究报告。

国家对从事地质灾害危险性评估的单位实行资质管理制度，由项目单位委托经省级以上人民政府自然资源主管部门资质审查合格的单位进行评估，对建设工程遭受地质灾害危害的可能性和该工程建设中、建成后引发地质灾害的可能性做出评价，提出具体的预防治理措施。

8. 地震安全性评价

（1）政策依据

《中华人民共和国防震减灾法》。

（2）主要内容

重大建设工程和可能发生严重次生灾害的建设工程，应当按照国务院有关规定进行地震安全性评价，并按照经审定的地震安全性评价报告所确定的抗震设防要求进行抗震设防。根据《安徽省防震减灾条例》，重大建设工程和可能发生严重次生灾害的建设工程，建设单位应当在项目可行性研究或者项目申请报告阶段委托具有相应资质的地震安全性评价单位开展地震安全性评价工作，并接受所在地县级以上人民政府地震工作主管部门的监督管理。

根据《安徽省人民政府办公厅关于加快推进重大水利项目前期工作的意见》（皖政办秘〔2014〕189号），除新建大中型水库外，省级审批的重大水利项目不设置地震评估前置专题。

9. 取水许可

（1）政策依据

《中华人民共和国水法》；

《水利部简化整合投资项目涉水行政审批实施办法（试行）》（水规计〔2016〕22号）；

《取水许可管理办法》（2008年发布，2015年修正、2017年修正）；

《取水许可和水资源费征收管理条例》（国务院令第460号，2017年修订）；

《建设项目水资源论证管理办法》（2002年发布，2015年修正、2017年修正）；

《安徽省取水许可和水资源费征收管理实施办法》（安徽省人民政府令第212号）；

《关于开展安徽省水资源论证区域评估工作的意见》（皖水资管函〔2021〕172号）。

（2）主要内容

引调水、新建水库、新建灌区等水资源配置工程，需履行取水许可审批。国家审批、核准的建设项目，在报送建设项目可行性研究报告或者建设项目核准申请报告前提出取水申请。其他建设项目，在建设项目开工前提出取水申请。

依据相关政策文件，取水许可和建设项目水资源论证报告审批两项整合为“取水许可审批”，实行分级审批（表2-11）。

表2-11　水利工程取水许可分级审批

审批机关	取水类型、限额	备注
水利部相应流域管理机构	我省内长江、淮河干流以及其他跨省、自治区、直辖市河流、湖泊的指定河段限额以上的取水，省际边界河流、湖泊限额以上的取水，跨省、自治区、直辖市行政区域的取水，由国务院或者国务院投资主管部门审批、核准的大型建设项目的取水，流域管理机构直接管理的河道（河段）、湖泊内的取水	

续表

审批机关	取水类型、限额	备注
省水利厅	年取用地表水在1500万立方米以上、地下水在1000万立方米以上，或者在地下水限制开采区取用地下水和水力发电总装机在1万千瓦以上，以及由省人民政府投资行政主管部门审批、核准或者备案的建设项目的取水	省管大型灌区、跨市中型灌区
市人民政府水行政主管部门	年取用地表水在700万立方米以上1500万立方米以下，地下水在500万立方米以上1000万立方米以下，或者水力发电总装机在1万千瓦以下，以及由设区的市人民政府投资行政主管部门审批、核准或者备案的建设项目的取水	市管灌区、跨县灌区
县级水行政主管部门	年取用地表水在700万立方米以下、地下水在500万立方米以下，以及由县级人民政府投资行政主管部门审批、核准或者备案的建设项目的取水	省、市审批的其他灌区

一般取水申请批准文件应当包括下列内容：水源地水量水质状况，取水用途，取水量及其对应的保证率；退水地点、退水量和退水水质要求；用水定额及有关节水要求；计量设施的要求；特殊情况下的取水限制措施；蓄水工程或者水力发电工程的水量调度、生态流量以及下泄流量（水量）的要求；申请核发取水许可证的其他有关事项。

3 项目建设实施

3.1 综合管理

3.1.1 土地报批

土地报批工作主要涉及临时用地和永久用地报批，因该项工作程序复杂、报批周期长、政策更新较快，以及影响项目开工建设等因素，项目法人必须高度重视。鉴于用地报批的复杂性，项目法人在可研阶段就应确定用地报批单位，从用地预审阶段起就全面介入。

1. 建设项目使用林地报批

（1）政策依据

《中华人民共和国森林法实施条例》（2000 年 1 月 29 日国务院令第 278 号发布，2011 年第一次修订，2016 年第二次修订，2018 年第三次修订）；

《建设项目使用林地审核审批管理办法》（国家林业局第 35 号令，2015 年 3 月）；

《安徽省财政厅、安徽省林业厅转发财政部、国家林业局关于调整森林植被恢复费征收标准引导节约集约利用林地的通知》（财综〔2015〕2241 号，2015 年 12 月 28 日）；

建设项目使用林地及在森林和野生动物类型国家级自然保护区建设审批（核）（国家林业和草原局网站，2020 年 6 月 11 日，行政审批事项，子项目 1）。

（2）主要内容

该专题为项目土地审批要件。水利工程建设涉及使用防护林林地或者特种用途林林地面积 10 公顷以上的，用材林、经济林、薪炭林林地及其采伐迹地面积 35 公顷以上的，其他林地面积 70 公顷以上的，使用重点国有林区林地的项目（此项国家林草局审批权委托下放省级两年），由省林业局审查起草批文，国家林业和草原局复核盖章。

水利工程建设涉及其他使用林地项目的审批由地方林业主管部门分级负责。

注意事项：

一般由建设单位组织编制项目使用林地可行性报告，通过专家论证审核后，逐级上报林业主管部门审查，最终由具有审批权限的主管部门批复项目使用用地。

通常林地审核同意书上面批复的林地面积比项目勘测定界报告上面的林地面积要大，具体建设项目占用林地的补划工作，在《总体规划调整方案》中予以落实。

2. 临时用地报批

（1）政策依据

《自然资源部关于规范临时用地管理的通知》（自然资规〔2021〕2号）；

《安徽省自然资源厅关于印发〈安徽省临时用地管理实施办法〉的通知》（皖自然资规〔2022〕1号）等。

（2）主要内容

该专题为项目土地审批要件，由项目建设单位向所在地区县（市）自然资源主管部门申请办理。临时用地审批提交资料及审批权限详见表3-1。

表3-1　临时用地审批提交资料及审批权限情况

一	提交资料（7项）	
临时用地申请书、建设项目审批文件、临时用地合同及土地权属证明材料、土地复垦方案、相关部门审查意见、市县自然资源主管部门与使用人以及银行签订的土地复垦费用使用三方监管协议、相关图件等		
二	审批要求	
1	县（市）自然资源主管部门审批	建设单位在施工中需要合理选址临时用地，不涉及耕地的临时用地
2	市级或者市级以上自然资源主管部门审批	涉及占用耕地和永久基本农田的临时用地

注意事项：

（1）临时用地使用期限一般不超过2年，建设周期较长的水利基础设施不超过4年；法律、法规另有规定的除外。

（2）土地复垦方案由土地复垦义务人负责编制，土地复垦义务人也可委托有资质的中介机构负责编制。

3. 永久土地报批

（1）政策依据

《中华人民共和国土地管理法》；

《安徽省人民政府关于印发承接国务院审批权委托试点工作实施方案的通知》（皖政〔2020〕25号）；

《安徽省自然资源厅关于印发〈落实省政府承接国务院建设用地审批权委托试点审查实施细则〉的通知》（皖自然资〔2020〕74号）。

（2）永久用地审批

该专题为项目开工前置条件，由人民政府委托自然资源主管部门主要对项目涉及农用地转用、集体土地征收合法合规性审查，最终由具有审批权限的同级人民政府批复项目用地。永久用地的报批申请材料及相关流程详见表 3-2。

表 3-2 永久用地的报批申请材料及相关流程

一	提交资料（14 项）
项目建设依据、勘测定界报告、国土空间规划图件（原土地利用总体规划、城乡规划）、涉及生态保护红线管控要求的不可避让论证意见、涉及自然保护地情况与主管部门意见、土地征收涉及公共利益符合性说明、土地分类面积表图以及坐标、涉及使用林地审批、临时用地办理清单、土地征收程序落实情况、被征地农民社保办理情况、项目征地准备金及用地报批规费缴纳、涉及违法和信访情况说明、用地情况说明等	
二	审批要求
1	前期准备阶段：建设单位组织技术力量办理可行性研究和初步设计审批、土地勘测定界编制、土地报批线位与预审线位对比分析、项目占用生态保护红线以及各级自然保护地论证情况、项目用地规模合规性等事项，分析土地报批的具备条件和限制因素
2	征地程序落实阶段：建设单位协调地方政府落实项目土地征收相关程序。依次完成土地征收预公告发布、土地现状调查、社会稳定风险评估、征地补偿安置方案发布、征地补偿登记、征地补偿安置协议签订（一般要求达到 95%以上）以及后续土地征收申请等内容
3	审查审批阶段：建设单位组织技术力量汇总材料，逐级向县区、市以及省级自然资源主管部门申请办理。不涉及永久基本农田、省级及以下项目通过省自然资源厅各处室审查后由省人民政府审批；涉及永久基本农田或国家级项目依次由省自然资源厅、自然资源部审查后由国务院审批（审批权限若有调整，以实际为准）

注意事项：

建设用地呈报资料目录及格式见省自然资源厅网站《关于印发建设项目用地报批材料目录及有关要求的通知》（皖国土资〔2012〕168 号）。

（3）先行用地审批

考虑到项目永久用地报批涉及的内容多、要求高、程序较复杂，国家允许项目申请先行用地，相关前提及要求详见表 3-3。

表 3-3 建设项目先行用地报批要求

一	申请范畴
1	项目范畴：国务院及其有关部门审批（核准、备案）或国家级规划明确的建设项目
2	功能区范畴：控制项目工期的单体工程或是受季节影响急需动工建设的其他工程
二	有关要求
1	项目用地预审、可研、初设已批复
2	永久基本农田不得突破预审批复中永久基本农田的规模和边界、生态保护红线不得占用、自然保护地不得占用
3	涉及征收集体土地程序和保障措施需合法合规
4	涉及占用国有土地需要征得原使用单位同意意见

续表

二	有关要求
5	涉及使用林地需取得使用林地审核同意书或县级以上林业主管部门同意先行使用林地的书面同意意见
6	先行用地规模不得突破预审控制规模的20%
7	不得存在违法用地情况
8	先行用地批复后，国务院确定的172项重大水利项目，需要在12个月内进行正式报批；其他建设项目，需要在6个月内进行正式报批

注意事项：

（1）提前统筹和落实项目新增建设用地指标、耕地占补平衡指标问题。

（2）提前开展征地调查等工作：项目征地线位确定，提前开展土地分解、房屋丈量、地上附属物等资产调查、分解到户工作；待项目勘测定界成果定稿后，及时发布土地征收预公告，在开展土地现状调查和社会稳定性风险评估时间段，同步进行资产调查成果复核，大幅缩减该阶段的耗用时间。

（3）安置点设置的规模不能突破主体工程占用的村庄面积；安置点位置不能占用永久基本农田，不能位于原土地利用总体规划确定的城市（镇）建设用地规划区内。

3.1.2 工程招标

1. 政策依据

《中华人民共和国招标投标法》（1999年8月30日中华人民共和国主席令第21号，2017年修正）；

《中华人民共和国招标投标法实施条例》（2011年12月20日国务院令第613号，2017年修正、2018年修正、2019年修正）；

《工程建设项目自行招标试行办法》（2000年7月1日 国家计委令第5号公布，2013年修正）；

《水利工程建设项目招标投标管理规定》（2001年10月29日水利部令第14号）；

《水利工程建设项目监理招标投标管理办法》（2002年12月25日 水利部水建管〔2002〕587号）；

《工程建设项目施工招标投标办法》（2003年3月8日国家计委、建设部、铁道部、交通部、信息产业部、水利部、民航总局令第30号发布，2013年修正）；

《工程建设项目货物招标投标办法》（2005年1月18日国家发展改革委、建设部、铁道部、交通运输部、信息产业部、水利部、民航总局令第27号发布，2013年修正）；

《工程建设项目勘察设计招标投标办法》(2003 年 6 月 12 日国家发展改革委、建设部、铁道部、交通运输部、信息产业部、水利部、民航总局、广电总局令第 2 号发布，2013 年修正)；

《评标委员会和评标方法暂行规定》(2001 年 7 月 5 日国家计委、经贸委等七部令第 12 号发布，2013 年修正)；

《必须招标的工程项目规定》(2018 年 3 月 27 日国家发展改革委令第 16 号)；

《关于进一步加强水利工程招标投标监督管理工作的通知》(2011 年 11 月 29 日省水利厅皖水基函〔2011〕1516 号)；

《安徽省水利工程建设项目招标投标监督管理办法》(2016 年 12 月 19 日皖水基〔2016〕144 号)；

《关于印发〈安徽省水利水电工程施工招标文件示范文本》(电子招标投标，2020 年版)〉等六类示范文本的通知》(皖水建设函〔2020〕305 号)；

《关于开展工程建设项目招标计划提前发布工作的通知》(2022 年 3 月 23 日)；

《关于进一步加强水利工程建设招标工作的通知》(2021 年 10 月 22 日)。

2. 主要内容

项目法人对达到必须招标的工程项目范围和规模的项目，依照招标投标相关法律法规开展招标活动，项目法人可以直接作为招标人开展项目招标活动，也可以授权委托代建单位作为招标人开展项目招标活动。

项目法人应组织相关专家对施工图进行审查并形成审查意见，在工期许可的条件下，应以经审查并修改完善的施工图作为招标工程量依据。

3. 工程招标范围及方式

工程招标范围及方式相关要求详见表 3-4。

表 3-4 水利工程项目招标范围及方式

必须招标的水利工程项目范围和方式	项目范围	(1) 大型基础设施、公用事业等关系社会公共利益、公众安全的项目； (2) 全部或者部分使用国有资金的重点建设项目； (3) 使用国际组织或者外国政府贷款、援助资金的项目	公开招标	招标人以招标公告的方式邀请不特定的法人或者其他组织投标。
	规模标准	(1) 单项合同估算价在 400 万元人民币以上的水利工程施工项目； (2) 单项合同估算价在 200 万元人民币以上的水利工程重要设备、材料等货物的采购项目； (3) 单项合同估算价在 100 万元人民币以上的水利工程勘察、设计、监理等服务的采购项目； (4) 同一工程项目中可以合并进行的勘察、设计、施工、监理以及与工程建设有关的重要设备、材料等的采购，合同估算价合计达到前款规定标准的，必须招标	邀请招标	招标人以投标邀请书的方式邀请特定的法人或者其他组织投标。 必须招标的项目符合以下情形之一的可以邀请招标： A. 技术复杂、有特殊要求或者受自然环境限制，只有少量潜在投标人可供选择； B. 采用公开招标方式的费用占项目合同金额的比例过大。 招标人进行邀请招标的，需要按照招标投标法及其实施条例的规定报相关部门认定、批准

注意事项：

（1）政府采购工程是指建设工程，包括建筑物和构筑物的新建、改建、扩建及其相关的装修、拆除、修缮等。

（2）水利工程招标如招标失败（流标），招标人应及时组织分析失败原因，合理修改招标文件，以利再次招标。

（3）对于投资额较大的水利工程招标项目，项目法人可选择进入异地交易中心开展项目开评标活动，也可选择远程异地评标方式，设主、分评标场地，以上两种做法均有利于减少干扰，有利于提高招标的公平公正性。

4. 招标人的招标职责

招标人要负责依法组织工程建设项目的勘察、设计、施工、监理以及与工程建设有关的重要设备、材料等的招标工作。招标人的招标职责及具体要求见表3-5。

表3-5　招标人的招标职责

招标阶段	职责	具体要求
标前	招标需求调查	鼓励通过市场调研、专家咨询论证等方式，明确招标需求，优化招标方案
	财政投资评审	根据《财政投资评审管理规定》，财政投资评审的范围包括：（一）财政预算内基本建设资金（含国债）安排的建设项目；（二）财政预算内专项资金安排的建设项目；（三）政府性基金、预算外资金等安排的建设项目；（四）政府性融资安排的建设项目；（五）其他财政性资金安排的建设项目；（六）需进行专项核查及追踪问效的其他项目或专项资金
	采购意向公开	采购意向公开时间原则上不得晚于采购活动开始前30日，按项目实施的集中采购目录以内或者采购限额标准以上的货物、工程、服务采购均应当公开采购意向
	招标计划发布	依法必须招标的工程建设项目，原则上应在项目挂网招标之日前不少于30日发布招标计划，项目招标计划应当包括：项目名称、项目法人（或招标人）、项目批准文件名称、合同估算价、资金来源、主要招标内容、计划招标时间
	选择招标代理机构	根据项目特点选择熟悉水利建设管理相关规定、招标投标和政府采购法律法规，具备水利专业技术服务能力的招标代理机构。可优先选择在安徽省水利厅评价的招标代理机构。在招标活动开始前与代理机构应签订书面委托合同，明确双方权利、义务和收费标准。具有自行招标能力的招标人可自行办理招标事宜，不另行委托招标代理机构
	确定标段划分方案	按照有利于施工管理和项目划分的原则，综合考虑工程建设质量、投资、工期控制等因素，合理划分标段。对较大项目尽可能划分施工大标段，对点多面广的小型项目，按县或分类型打捆进行招标。招标人不得利用划分标段规避招标、限制或者排斥潜在投标人

续表

招标阶段	职责	具体要求
标前	确定投标人资格条件	投标人的资质条件、项目负责人资格要求等应严格按照国家部委相关资质、资格管理规定执行，不得随意提高或降低要求；合理设置投标人类似业绩等要求；按照国家部委及省、市的规定设置信用要求
	办理招标备案手续	按照项目管理权限向招标监督部门提交招标报告备案
	审核招标文件	按照省水利厅招标文件示范文本编制招标文件，通过科学设定评标办法，择优选择承建单位；并通过设置合理的最高限价控制工程投资，通过完善的合同条款和技术条款实现项目管理目标。对招标文件要严格审核，确认后方可发布
标中	审核澄清修改文件	对招标文件进行澄清修改的，加强澄清修改文件审核，确认后方可发布
	评标	根据《中华人民共和国招标投标法》《中华人民共和国招标投标法实施条例》《评标委员会和评标方法暂行规定》等规定和项目规模、特点合理确定评审专家的专业及人数，并根据需要委派招标人代表评委参加评标
	处理异议投诉	按照规定及时处理收到的异议，协助有关招标监督单位处理项目投诉
标后	定标、签订合同、合同备案	中标人确定后，招标人应当及时向中标人发出中标通知书，并同时将中标结果通知所有未中标的投标人；按照有关规定提交招标投标情况报告；及时组织合同签订，并按规定进行合同备案

3.1.3 政府采购

1. 政策依据

《中华人民共和国政府采购法》（2002 年 6 月 29 日通过，自 2003 年 1 月 1 日起施行，2014 年 8 月 31 日进行修订）；

《中华人民共和国政府采购法实施条例》（2014 年 12 月 31 日国务院第 75 次常务会议通过，2015 年 3 月 1 日起施行）；

《政府采购非招标采购方式管理办法》（财政部令第 74 号，2013 年 10 月 28 日财政部部务会议审议通过，现予公布，自 2014 年 2 月 1 日起施行）；

《政府采购货物和服务招标投标管理办法》（财政部令第 87 号，2017 年 10 月 1 日起施行）；

《政府采购竞争性磋商采购方式管理暂行办法》（财库〔2014〕214 号，2014 年 12 月 31 日实施）；

《政府采购促进中小企业发展管理办法》（财库〔2020〕46 号，2021 年 1 月 1 日起执行）；

《政府采购需求管理办法》（财库〔2021〕22 号，2021 年 4 月 30 日发布，2021 年 7 月 1 日起施行）；

《关于进一步加大政府采购支持中小企业力度的通知》（财库〔2022〕19 号，2022 年 5 月 30 日发布，2022 年 7 月 1 日起执行）；

《安徽省财政厅关于进一步优化政府采购营商环境的通知》（皖财购〔2022〕556 号，2022 年 5 月 27 日发布，2022 年 6 月 1 日起执行）；

《安徽省政府集中采购目录及标准（2022 年版）》（2022 年 1 月 1 日起执行）；

《安徽省财政厅转发财政部关于开展政府采购意向公开工作的通知》（皖财购〔2020〕458 号，2020 年 5 月 14 日发布）。

2. 主要内容

政府采购货物或服务项目，单项采购预算达到 400 万元的，必须采用公开招标方式。除集中采购机构采购项目外，各单位自行采购或委托社会代理机构采购单项或批量采购预算达到分散采购限额标准的项目应按《中华人民共和国政府采购法》和《中华人民共和国政府采购法实施条例》有关规定执行，省级单位货物、服务项目分散采购限额标准为 50 万元，市县级单位货物、服务项目分散采购限额标准为 30 万元；工程项目分散采购限额标准为 60 万元。

政府采购工程以及与工程建设有关的货物、服务，其招标限额标准按照《必须招标的工程项目规定》（国家发展改革委令第 16 号）执行，即：施工单项合同估算价 400 万元以上，重要设备、材料等货物单项合同估算价 200 万元以上，勘察、设计、监理等服务单项合同估算价 100 万元以上必须招标；招标数额标准以下的政府采购工程以及与工程建设有关的货物、服务，执行《政府采购法》及实施条例，应当采用政府采购法律法规规定的其他方式采购。

3. 政府采购工程建设项目范围及采购方式

政府采购工程建设项目范围及采购方式详见表 3-6。

表 3-6　政府采购工程建设项目范围及采购方式表

<table>
<tr><td rowspan="2">依法必须招标的水利工程项目</td><td rowspan="2">规模标准（含）以上</td><td rowspan="2">（1）政府采购工程以及与工程建设有关的货物、服务，采用招标方式采购的，适用《中华人民共和国招标投标法》及其实施条例；
（2）依法必须招标的必须招标的水利工程项目按照《必须招标的工程项目规定》（发改委 16 号令）执行</td><td>公开招标</td><td>招标人以招标公告的方式邀请不特定的法人或者其他组织投标</td></tr>
<tr><td>邀请招标</td><td>招标人以投标邀请书的方式邀请特定的法人或者其他组织投标
国务院发展计划部门确定的国家重点项目和省、自治区、直辖市人民政府确定的地方重点项目不适宜公开招标的，经国务院发展计划部门或者省、自治区、直辖市人民政府批准，可以进行邀请招标</td></tr>
</table>

续表

非依法必须招标的水利工程项目	规模标准以下	（1）除集中采购机构采购项目外，各单位自行采购或委托社会代理机构采购单项或批量采购预算达到分散采购限额标准的项目应按《中华人民共和国政府采购法》和《中华人民共和国政府采购法实施条例》有关规定执行，省级单位货物、服务项目分散采购限额标准为50万元，市县级单位货物、服务项目分散采购限额标准为30万元；工程项目分散采购限额标准为60万元； （2）公开招标限额标准以下的政府采购工程以及与工程建设有关的货物、服务，执行《政府采购法》及实施条例，应当采用政府采购法律法规规定的其他方式采购	竞争性谈判	（一）招标后没有供应商投标或者没有合格标的或者重新招标未能成立的； （二）技术复杂或者性质特殊，不能确定详细规格或者具体要求的； （三）采用招标所需时间不能满足用户紧急需要的； （四）不能事先计算出价格总额的
			单一来源	（一）只能从唯一供应商处采购的； （二）发生了不可预见的紧急情况不能从其他供应商处采购的； （三）必须保证原有采购项目一致性或者服务配套的要求，需要继续从原供应商处添购，且添购资金总额不超过原合同采购金额百分之十的
			竞争性磋商	（一）政府购买服务项目； （二）技术复杂或者性质特殊，不能确定详细规格或者具体要求的； （三）因艺术品采购、专利、专有技术或者服务的时间、数量事先不能确定等原因不能事先计算出价格总额的； （四）市场竞争不充分的科研项目，以及需要扶持的科技成果转化项目； （五）按照招标投标法及其实施条例必须进行招标的工程建设项目以外的工程建设项目
			询价	采购的货物规格、标准统一、现货货源充足且价格变化幅度小的政府采购项目
			框架协议	（一）集中采购目录以内品目，以及与之配套的必要耗材、配件等，属于小额零星采购的； （二）集中采购目录以外，采购限额标准以上，本部门、本系统行政管理所需的法律、评估、会计、审计等鉴证咨询服务，属于小额零星采购的； （三）集中采购目录以外，采购限额标准以上，为本部门、本系统以外的服务对象提供服务的政府购买服务项目，需要确定2家以上供应商由服务对象自主选择； （四）国务院财政部门规定的其他情形

注意事项：

1. 所称与工程建设有关的货物，是指构成工程不可分割的组成部分，且为实现工程基本功能所必需的设备、材料等；所称与工程建设有关的服务，是指为完成工程所需的勘察、设计、监理等服务。

2. 水利工程建设中常见的其他服务，如试验检测、环保监测、水保监测、跟踪审计等，达到政府采购公开招标数额标准的，应当按照政府采购法及实施条例的规定采用公开招标方式；公开招标数额标准以下且达到分散采购限额的，应当按照政府采购法及实施条例的规定选择竞争性谈判或竞争性磋商或单一来源采购。

3. 使用政府资金的项目且未达到政府采购分散采购限额标准的，项目法人应将其列入单位“三重一大”制度管理范围，规范采购流程，公开透明。

4. 采购人的采购职责

采购人要负责组织工程的勘察、设计、监理、设备采购、施工、全过程质量检测、水保监测、环保监测、跟踪审计等所有采购工作。采购人的招标采购职责及具体要求见表 3-7。

表 3-7　采购人的采购职责

采购阶段	职责	具体要求
标前	采购需求调查	根据《政府采购需求管理办法》规定，对应当开展需求调查的项目通过咨询、论证、问卷调查等方式开展需求调查，了解相关产业发展、市场供给、同类采购项目历史成交信息，可能涉及的运行维护、升级更新、备品备件、耗材等后续采购，以及其他相关情况
	财政投资评审	根据《财政投资评审管理规定》，财政投资评审的范围包括：（一）财政预算内基本建设资金（含国债）安排的建设项目；（二）财政预算内专项资金安排的建设项目；（三）政府性基金、预算外资金等安排的建设项目；（四）政府性融资安排的建设项目；（五）其他财政性资金安排的建设项目；（六）需进行专项核查及追踪问效的其他项目或专项资金
	采购意向公开	采购意向公开时间原则上不得晚于采购活动开始前 30 日，按项目实施的集中采购目录以内或者采购限额标准以上的货物、工程、服务采购均应当公开采购意向
	选择采购代理机构	根据项目特点选择熟悉水利建设管理相关规定、政府采购法律法规的招标代理机构。应当选择政府采购代理机构名录内的采购代理机构。在采购活动开始前与代理机构应签订书面委托合同，明确双方权利、义务和收费标准
	确定标包划分方案	采购人要按照有利于采购项目实施的原则，明确采购包或者合同分包要求。 采购项目划分采购包的，要分别确定每个采购包的采购方式、竞争范围、评审规则和合同类型、合同文本、定价方式等相关合同订立、管理安排

续表

采购阶段	职责	具体要求
标前	确定供应商资格条件	根据采购需求特点提出的供应商资格条件，要与采购标的功能、质量和供应商履约能力直接相关，且属于履行合同必需的条件，包括特定的专业资格或者技术资格、设备设施、业绩情况、专业人才及其管理能力等。 业绩情况作为资格条件时，要求供应商提供的同类业务合同一般不超过2个，并明确同类业务的具体范围。涉及政府采购政策支持的创新产品采购的，不得提出同类业务合同、生产台数、使用时长等业绩要求
	审核采购文件	应要求其委托的代理机构编制采购文件，采购方式、评审方法和定价方式的选择应当符合法定适用情形和采购需求特点；采购人根据价格测算情况，可以在采购预算额度内合理设定最高限价，但不得设定最低限价。严格落实审查工作，在采购活动开始前，针对采购需求管理中的重点风险事项，对采购需求和采购实施计划进行审查，审查内容包括但不限于《政府采购需求管理办法》（财库〔2021〕22号）列明的一般性审查和重点审查内容，确认后方可发布
标中	审核更正公告	对代理机构编制的变更公告进行审核，确认后方可发布
	评审	按照《政府采购法》《政府采购货物和服务招标投标管理办法》《政府采购非招标采购方式管理办法》等规定，结合采购项目特点合理确定评审专家的专业及人数，并根据需要委派采购人代表参加评标
	处理质疑投诉	按照规定及时处理收到的质疑，协助有关行政监督单位处理项目投诉
标后	定标、签订合同、合同公告	按照政府采购政策及采购文件规定的时限及时确定中标（成交）供应商、发出中标（成交）通知书、公告中标（成交）结果、组织签订合同，进行合同公告
	采购资金支付及履约验收	应积极配合供应商履约，并及时验收。对于满足合同约定支付条件的，应当自收到发票后7个工作日内将资金支付到合同约定的供应商账户，不得以机构变动、人员更替、政策调整等为由延迟付款，不得将采购文件和合同中未规定的义务作为向供应商付款的条件。 应当按照政府采购合同规定的技术、服务、安全标准组织对供应商履约情况进行验收，并出具验收书。验收书应当包括每一项技术、服务、安全标准的履约情况

3.1.4　水利开工条件及备案

开工管理是基本建设程序的重要环节，是加强建设管理工作的有效手段。水利工程建设项目开工包括施工准备开工、主体工程开工。主体工程开工之日起15个工作日内，项目法人应进行开工备案和安全生产备案。

1. 政策依据

《关于调整水利工程建设项目施工准备开工条件的通知》（水建管〔2017〕177号）；

《水利工程建设项目管理规定（试行）》（中建〔1995〕128号，2014年修正，

2016年修正）；

《水利部关于水利工程开工审批取消后加强后续监管工作的通知》（水建管〔2013〕331号）；

《关于安徽省水利工程开工备案有关事项的通知》（皖水基函〔2016〕166号）；

《水利工程建设安全生产管理规定》（水利部令第26号）。

2. 主要内容

水利工程建设项目开工应具备的条件见表3-8。

水利工程建设项目备案内容及程序见表3-9。

表3-8　水利工程建设项目开工应具备的条件

施工准备应具备的条件	主体工程开工应具备的条件	开工前必须完成的准备工作
1. 项目可行性研究报告已经批准； 2. 环境影响评价文件等已经批准； 3. 年度投资计划已下达或建设资金已落实	1. 项目法人或者项目建设责任主体已经设立； 2. 初步设计已经批准，施工详图设计满足主体工程施工需要； 3. 建设资金已经落实； 4. 主体工程施工单位和监理单位已经确定，并分别订立了合同； 5. 质量安全监督单位已经确定，并办理了质量安全监督手续； 6. 主要设备和材料来源已经落实； 7. 施工准备和征地移民等工作满足主体工程开工需要	1. 施工现场的征地、拆迁； 2. 完成施工用水、电、通信、道路和场地平整等工程； 3. 必需的生产、生活临时建筑工程； 4. 组织招标设计、咨询、设备和物资采购等服务； 5. 组织建设监理和主体工程招标，择优选定建设监理单位和施工承包队伍，签订相应的合同文件

表3-9　水利工程建设项目备案内容及程序

项目	备案程序		备案资料		
			备案表	相关文件	相关合同
开工备案	在国家确定的重要江河、湖泊建设的流域控制性工程、流域重大骨干工程建设项目，水利部负责初步设计审批的中央项目，水利部负责初步设计审批、以中央投资为主的地方项目，项目法人应将开工情况书面报告报省级水行政主管部门审核同意后，上报水利部和流域管理机构备案	（1）省级水行政主管部门负责审批的项目，由省水利厅负责或委托市级水行政主管部门负责开工备案工作； （2）市级水行政主管部门负责本级和辖区水利工程开工备案工作，包括市级审批层级权限的各类水利工程； （3）县级负责本级审批层级权限的各类水利工程	按省水利厅备案表执行	项目法人批文、初步设计批准文件、资金落实和资金到位情况（部、省、市县年度投资计划下达文件、政府配套资金的承诺、项目法人的财务进账单）、质量监督批复文件、安全监督批复文件	设计合同（含供图协议）、施工详图满足主体工程三个月施工需要；监理中标通知书及合同副本；主体工程施工承包中标通知书及合同副本；主要设备和材料采购合同等

续表

项目	备案程序	备案资料		
		备案表	相关文件	相关合同
安全生产备案	项目法人应当组织编制保证安全生产的措施方案，并自开工之日起15日内报有管辖权的水行政主管部门、流域管理机构或者其委托的水利工程建设安全生产监督机构（以下简称安全生产监督机构）备案。建设过程中安全生产的情况发生变化时，应当及时对保证安全生产的措施方案进行调整，并报原备案机关	1. 项目概况； 2. 编制依据； 3. 安全生产管理机构及相关负责人； 4. 安全生产的有关规章制度制定情况； 5. 安全生产管理人员及特种作业人员持证上岗情况等； 6. 生产安全事故的应急救援预案； 7. 工程度汛方案、措施； 8. 其他有关事项		

注意事项：

（1）水利工程开工审批取消以后，项目法人须按国家和省对水利工程开工的条件要求，在满足条件后由项目法人自主确定工程开工。应当自工程开工之日起15个工作日内，将开工情况的书面报告报项目主管单位和上一级主管单位备案。

（2）在建工程因故中止施工或恢复施工的，项目法人应向上级水行政主管部门或项目主管部门报告，中止施工满1年的工程恢复施工前，应递交重新开工情况的书面报告。

（3）工程建设项目因违规开工、不及时备案等原因被主管部门责令停工的，项目法人应针对存在的问题提出整改措施及整改时限，进行认真整改，整改完毕并通过主管部门确认后，方可重新开工建设。

3.1.5　设计变更管理

1. 政策依据

水利部《水利工程设计变更管理暂行办法》（水规计〔2020〕283号）；

安徽省水利厅《关于进一步加强水利工程建设管理的通知》（皖水建设函〔2019〕435号）。

2. 主要内容

水利工程设计变更分为重大设计变更和一般设计变更，详见表3-10。项目法人应严格执行基本建设程序和批复的初步设计文件，加强设计变更管理。勘察设计单位应减少一般设计变更，控制重大设计变更。

表 3-10 变更分类

项目	重大设计变更	一般设计变更
变更内容	对初步设计批复的有关建设任务和内容进行调整，导致工程任务、规模、工程等级及设计标准发生变化，工程总体布置方案、主要建筑物布置及结构形式、重要机电与金属结构设备、施工组织设计方案等发生重大变化，对工程质量、安全、工期、投资、效益、环境和运行管理等产生重大影响的设计变更	重大设计变更以外的其他设计变更
编制深度	编制应满足初步设计阶段的设计深度要求，有条件的可按施工图设计阶段的设计深度进行编制	编制内容可根据工程具体情况适当简化
审批	由项目法人按原报审程序报原初步设计审批部门审批	一般设计变更文件由项目法人组织有关参建方研究确认后实施变更，并报项目主管部门核备，项目主管部门认为必要时可组织审批。设计变更文件审查批准后，由项目法人负责组织实施
特殊情况下的处理：对需要进行紧急抢险的工程设计变更，项目法人可先组织进行紧急抢险处理，同时通报项目主管部门，并按照《水利工程设计变更管理暂行办法》办理设计变更审批手续，并附相关的资料说明紧急抢险的情形；若工程在施工过程中不能停工，或不继续施工会造成安全事故或重大质量事故的，经项目法人、勘察设计单位、监理单位同意并签字认可后即可施工，但项目法人应将情况在 5 个工作日内报告项目主管部门备案，同时按照《水利工程设计变更管理暂行办法》办理设计变更审批手续		

注意事项：

（1）项目法人、施工单位、监理单位不得修改建设工程勘察、设计文件，根据建设过程中出现的问题，施工单位、监理单位及项目法人等可以提出变更设计建议。

（2）项目法人应当对变更设计建议及理由进行评估，必要时可以组织勘察设计单位、施工单位、监理单位及有关专家对变更设计建议进行技术、经济论证。勘察、设计文件的变更，应委托原勘察、设计单位进行变更；经原勘察、设计单位书面同意，项目法人也可以委托其他具有相应资质的勘察、设计单位进行。涉及其他地区和行业的水利工程设计变更，项目法人必须事先征求有关地区和部门的意见。

（3）要严格控制重大设计变更，尽量避免治理范围、标准、规模、堤线调整，以及主要建设内容、主要加固方案变化等重大设计变更；严禁通过变更降低工程质量、工程建设标准来降低安全标准等。

（4）要减少一般设计变更，积极开展优化设计，正确处理好优化设计与设计变更的关系，督促勘测设计单位对照审查审批意见的要求，对设计报告进行必要的修改与优化完善。

（5）必须按照规定权限、条件和程序审查、报批工程设计变更文件，避免先建后报补充完善手续。有时重大设计变更和一般设计变更难以界定，要及时和项目主管部门沟通协商确定。

（6）地方投资项目须根据当地政府设计变更管理办法和要求履行变更程序。

3.1.6 参建单位管理

1. 政策依据

《水利部关于印发〈水利工程建设项目法人管理指导意见〉的通知》(水建设〔2020〕258号);

《注册建造师管理规定》(建设部令第153号);

《水利工程建设监理规定》(2006年12月18日水利部令第28号发布,自2007年2月1日起施行,2017年12月22日水利部令第49号修改);

《水利工程施工转包违法分包等违法行为认定查处管理暂行办法》(水建管〔2016〕420号);

《水利水电工程全过程工程咨询服务导则》(T/CNAEC 8001—2021,2021年7月发布实施);

《水利部关于印发〈水利工程建设项目代建制管理指导意见〉的通知》(水建管〔2015〕91号);

《安徽省水利建设项目工程总承包工作意见(试行)》(皖水建设函〔2019〕367号);

《水利水电建设工程验收技术鉴定导则》(SL 670—2015);

《水利水电建设工程蓄水安全鉴定暂行办法》(水建管〔1999〕177号,2017年修正);

《水利工程建设项目验收管理规定》(水利部令第30号);

《水利水电建设工程验收规程》(SL 223—2008)。

2. 项目法人对参建单位的管理职责与管理内容

项目法人应加强对勘察、设计、施工、监理、监测、咨询、质量检测和材料、设备、制造、供应等参建单位的合同履约管理。项目法人对参建单位管理内容见表3-11。

表3-11 项目法人对参建单位管理内容

管理对象	管理内容
勘测设计单位	1. 督促并要求设计单位按照合同条件、有关技术规范和设计程序进行设计,以确保设计质量; 2. 要求设计单位做好方案比较论证和技术优化工作,达到控制规模和标准; 3. 组织设计单位配合施工,进行技术交底和施工图交底,一般应要求设计单位派出代表常驻工地,处理设计变更现场突发事件及相关技术问题; 4. 除紧急抢险等特殊情况外,严禁未经审批,擅自进行设计变更。项目法人要对设计变更事项进行评估,严格控制重大设计变更,确需进行一般设计变更的由项目法人审查确认,必要时报项目主管理部门按规定审批; 5. 在设计合同中增加具有可操作性的奖罚条款,详细约定关于设计进度、设计质量以及投资限额控制的奖罚规定

管理对象	管理内容
全过程咨询单位	1. 咨询单位是否成立由咨询项目负责人总负责，勘察负责人、设计负责人、总监理工程师、造价咨询负责人等专业协同的咨询项目服务机构，配备相应的专业技术人员和管理人员，是否与项目法人、工程总承包、设计、施工等单位的协调，对项目实施有效管理； 2. 是否建立和完善自身的技术标准、管理标准、质量管理体系、职业健康安全和环境管理体系；是否制定咨询服务规划、项目控制流程、资源配置计划、成果审签规定等，保证咨询成果文件质量； 3. 检查全过程工程咨询项目负责人及勘察、设计、监理、造价咨询服务的专业负责人资格和履职情况，是否按咨询范围开展服务
代建单位	代建单位一般对水利工程建设项目施工准备至竣工验收的建设实施过程进行管理。项目法人应对代建单位以下行为进行检查： 1. 项目招投标情况。是否择优选择勘察设计、监理、施工单位和设备、材料供应商，是否对所签订的合同实行全过程管理； 2. 项目实施情况。是否抓好项目建设管理，包括建设工期、施工质量、安全生产和资金管理等； 3. 项目设计变更、概算调整相关文件编报工作情况； 4. 编报项目年度实施计划和资金使用计划情况。是否定期向项目管理单位报送工程进度、质量、安全以及资金使用等情况； 5. 配合上级有关部门（单位）的稽察、检查、审计等工作情况； 6. 工程验收情况。按照验收相关规定，是否按规定组织项目分部工程、单位工程、合同工程验收；是否做好项目阶段验收、专项验收、竣工验收各项准备工作以及编报项目竣工财务决算。竣工验收后及时办理资产移交和竣工财务决算审批手续
工程总承包单位	1. 工程总承包单位应当具有相应设计资质或施工总承包资质，具有相应组织机构、项目管理体系、项目管理专业人员、工程施工或工程设计业绩以及相应财务、风险承担能力；或具有相应设计、施工资质单位组成的联合体，联合体协议中应明确成员单位的责任和权利；对于技术较为复杂、专业交叉多的项目（如水库枢纽、泵站、水闸等建筑物类），宜由具有相应设计资质的单位作为工程总承包单位； 2. 总承包项目经理应具备水利水电类高级技术职称或相应注册执业资格，且担任过类似工程设计项目负责人或者施工项目经理，熟悉工程建设相关法律、法规和技术标准； 3. 工程总承包单位可以根据合同约定或经项目法人同意，将工程总承包合同中的设计或施工业务分包给具有相应资质的单位。工程总承包单位同时具有相应设计和施工资质的，可将工程设计或施工业务分包给具备相应资质的单位，但不得将设计和施工同时分包。工程总承包单位仅具有设计资质的，应将总承包项目全部施工业务分包给具有相应施工资质的单位。工程总承包单位仅具有施工资质的，应将总承包项目全部设计业务分包给具有相应设计资质的单位。拟分包方案应在投标文件中明确，选定的分包单位应报项目法人备案； 4. 工程总承包招标文件需按《安徽省水利建设项目工程总承包招标示范文本》编制，合同文本可参考《建设项目工程总承包合同示范文本》（GF—2017—0216）； 5. 检查工程总承包单位责任落实情况： （1）按国家法律法规、相关强制性标准条文、规程规范和合同约定，组织实施设计、设备采购、施工和试运行，承担合同约定相关工作； （2）按相关规程规范要求，组建与工程总承包项目相适应的管理机构，建立覆盖设计、采购、施工、试运行全过程的工程质量安全管理体系和职业健康及环境管理体系，保证质量、安全、环境、职业健康所需资金投入，落实各项保障措施，规范、有序地开展各项管理工作，确保实现合同约定的工程进度、质量、安全、效益等目标； （3）协助项目法人办理项目审批、核准或备案手续，配合项目法人开展征迁工作，配合办理项目用地手续；

续表

管理对象	管理内容
工程总承包单位	（4）工程总承包单位对工程质量负责，保证工程质量和试运行期间工程的安全，保证档案资料的完整。工程保修责任书由项目法人与工程总承包单位签署，保修期内工程总承包单位应根据相关规定承担保修责任，不得以其与分包单位之间保修责任划分而拒绝履行保修责任； （5）工程总承包单位对工程进度负责，按照合同约定的勘察设计、采购、施工、调试、试运行时间节点完成各项工作； （6）工程总承包单位合理合规使用工程建设项目资金，项目建设期间不得挪用、挤占项目建设资金，不得为追求投资结余而擅自缩小工程范围、减少工程建设内容、降低工程质量标准； （7）按合同约定做好各项工程的验收和其他工程移交工作； （8）工程总承包项目各参建单位应积极配合政府相关部门的检查、稽察、审计等工作，及时整改各类问题
监理单位	1. 对监理单位，重点检查监理制度是否健全，监理人员到位是否符合合同要求，监理平行检测、专项施工方案审核、关键部位旁站监督等监理职责的履行是否到位等； 2. 对照招投标文件及监理大纲检查机构配置是否符合要求；针对现场实际情况，检查机构各管理部门是否满足要求；考察现场监理人员工作态度及能力，对不称职的坚决要求予以更换；总监理工程师必须在岗履职，严禁违规承担多个项目监理，一经发现即予以通报，并按规定进行处罚，其他监理人员应按投标承诺到岗履职； 3. 审查监理规划在实施阶段质量控制、资金控制、进度管理、安全管理、合同管理和信息资料管理程序、措施是否可行有效，审查监理细则中各专业质量检测、检验方法及深度是否符合现行规范要求；
监理单位	4. 定期检查监理单位对质量、安全、文明施工方面存在问题的监督整改到位情况，检查监理单位对工程质量、进度、工程费用的控制情况，参与纠偏措施落实工作； 5. 为进一步加强在建水利工程监理单位现场人员的管理，项目法人应督促在建人员到岗履职，加强现场人员的考勤和公示，维护水利建设市场秩序，推进诚信体系建设
施工承包人	1. 审查承包人组织机构的人员相关资格，检查其管理体系的健全性。审查分包单位的资质和业绩，并审查总包单位与分包单位的分包合同； 2. 审批承包人的总进度及分段进度计划，对形象进度与实际进度进行对比，要求承包人做好进度分析与纠偏，对影响进度的原因进行记录与分析；定期召开施工进度协调会议，分析影响进度的因素，并采取有效的纠偏措施，对关键线路外的工程进度予以修改和调整，确保工程按期完成； 3. 严格控制会引起工程造价增加的各类工程变更，必要时进行价值工程分析，寻求不增加成本和不影响工程进度的解决方案； 4. 进行成本核算，准确反映工程的实际造价，充分利用价值原理，提出可合理降低工程造价的建议。按照合同约定，对承包人提出的工程款支付申请进行审查，确保工程款按合同拨付，避免拨付不合理费用或超拨工程款； 5. 加强工程建设现场施工管理人员合同履约监管，进行关键岗位人员广域网考勤，考察施工管理人员的工作态度及能力，对不称职的坚决要求予以撤换

续表

管理对象	管理内容
技术鉴定单位	1. 水利水电建设工程验收技术鉴定包括指水利水电建设工程蓄水安全鉴定和竣工验收技术鉴定； 2. 验收技术鉴定工作由项目法人委托具有相应资格条件和能力的鉴定单位承担，与之签订蓄水安全鉴定合同，并报工程验收主持单位核备。接受委托负责蓄水安全鉴定单位应成立专家组，并将专家组组成情况报工程验收主持单位和相应的水利工程质量监督部门核备； 3. 鉴定专家组应由专业水平高，工程设计、施工经验丰富，具有高级工程师以上职称的专家组成，包括水文、地质、水工、施工、机电、金属结构等有关专业。鉴定专家组 1/3 以上人员须聘请责任单位以外的专家参加； 4. 项目法人、设计、施工、监理、运行、设备制造等参建单位的在职人员或从事过本工程设计、施工、管理的其他人员，不能担任专家组成员； 5. 竣工验收技术鉴定工作程序应包括工作大纲编制、竣工工作报告编写、现场鉴定与鉴定报告编写、鉴定报告审定等 4 个阶段； 6. 承担安全鉴定的单位在完成安全鉴定报告提交给项目法人前，需履行规定的技术管理程序，并经承担单位主要负责人审定后加盖单位公章
其他参建单位	1. 对设备、材料供应商，以“同类产品比质量、同等质量比价格、同等价格比服务、同等服务比结算、同等结算比信誉”的方式，优化选择供应商。对于大额材料，以招标询价的方式确定； 2. 对监测单位，重点检查安全监测管理制度制定和人员配备情况、监测系统运行情况、监测资料整编分析情况、监测系统管理保障情况等； 3. 对质量检测单位，重点检查是否按合同要求建立工地现场实验室、人员资格和检测能力情况、质量检测相关标准执行情况、是否存在转包、违法分包检测业务等

注意事项：

表 3-11 中提到的工程总承包单位和施工承包人工程总承包是指从事工程总承包的企业受业主委托按照合同约定对工程项目实行全过程或若干阶段的承包，是勘察、设计、采购、施工、试运行、竣工验收等项目；而施工总承包是指建筑工程发包方将全部施工任务发包给具有相应资质条件的施工总承包单位的承包，是工程分项的施工任务。

3.1.7 水利建设市场主体信用信息管理

1. 政策依据

安徽省水利厅《转发水利部〈水利建设市场主体信用信息管理办法〉〈水利建设市场主体信用评价管理办法〉的通知》（皖水建设〔2020〕79 号）。

2. 职责分工

省水利厅负责全省水利工程建设市场行为评价工作监督管理。

省水利水电基本建设管理局承担市场行为评价具体工作。

各市水行政主管部门和有关单位依照管理权限，组织开展管辖范围内各类市场主体合同履约评价和有关市场行为的认定工作等。

项目法人负责开展项目信息管理和参建各方信用信息管理相关工作。

3. 市场行为评价范围

参与省水利建设活动的勘察、设计、施工、监理、咨询、招标代理、质量检测、机械制造、供货、自动化等10类从业单位，具有多种从业类型的单位将对其分类评价。

4. 主要内容

市场主体信用管理主要围绕基础分值、合同履约、良好行为和不良行为展开，详见表3-12。

表3-12　市场主体信用评价内容

评价名称	评价内容
基础分值确定	初次进入安徽省水利建设市场参与相关活动的勘察、设计、施工、监理、咨询、招标代理、质量检测、机械制造等单位，在安徽省水利建设市场信用信息平台建立信用档案并按要求承诺的，确定其市场行为基础分值为80分（申请格式见皖水建设〔2020〕79号文附件3），列入市场行为量化计分分值名单进行发布，此后根据其在安徽省水利建设市场的市场行为进行量化计分（量化计分标准详见皖水建设〔2020〕79号文附件4），并实行动态调整。未在安徽省水利建设市场信用信息平台建立信用档案，市场行为基础分值以零分计
合同履约评价	合同履约评价原则上每年开展一次，由安徽省各在建水利工程的项目法人对各类市场主体合同履约情况进行评价，评价结果分为优秀、良好、一般和较差四个档次，其中优秀档次不超过评价项目总数的20%
良好行为记录	对各类市场主体良好行为记录量化加分。良好行为记录主要包括：受到安徽省省级、设区市级党委或政府表彰，承建我省水利工程建设项目获得国家级、省部级、地厅级奖项、获得安徽省水利建设规范化施工管理工地等。良好行为量化加分原则上每年定期开展一次
不良行为记录	对各类市场主体的不良行为记录量化扣分。不良行为记录主要包括：受到行政处罚、受到责任追究、法院判决认定单位犯罪、参与水利工程建设活动中弄虚作假等。不良行为量化扣分原则上每年定期开展一次，其中发布公告的不良行为记录量化分值及时调整

5. 成果应用

各级水行政主管部门及有关单位应依据国家有关法律、法规和规章，按照守信激励和失信惩戒的原则，建立健全信用奖惩机制，在招标投标、政府采购、行政审批、资质管理、评优评奖、工程担保和保险、日常监管等工作中，积极推行应用水利部水利建设市场主体信用信息和各类市场主体在安徽省的市场行为分值信息。

注意事项：

(1) 评价单位应对合同履约评价被评为优秀档次的项目进行公示，对被评为较差档次的项目书面告知企业。

（2）县管项目优秀档次数量不超过该县（市、区）评价项目总数的20%（评价项目总数少于5个的，按5个计；大于5个少于10个的，按10个计，以此类推）；省直、市直、厅直项目优秀档次不超过各项目法人评价项目总数的20%。

（3）若全市优秀档次比例不超过该市评价项目总数的20%，剩余的优秀指标可由市级水行政主管部门在本市范围内调剂使用。

3.2 工程质量

水利工程质量是指在国家和水利行业现行的有关法律、法规、技术标准和批准的设计文件及工程合同中，对兴建的水利工程的安全、适用、经济、美观等特性的综合要求。水利工程质量实行项目法人负责、监理单位控制、施工单位保证和政府监督相结合的质量管理体制。

本节内容主要为项目法人在水利工程建设过程中依据国家和水利行业法律、法规、规范性文件、技术标准等开展的质量管理工作。

3.2.1 项目法人质量管理机构及人员

1. 政策依据

《水利工程质量管理规定》（水利部令第7号，2017年水利部令第49号修改）；

《水利工程建设项目法人管理指导意见》（水建设〔2020〕258号）。

2. 质量管理机构及人员

项目法人应根据工程特点建立质量管理机构，且与工程规模和技术复杂程度相适应。工程专业技术人员原则上不少于总人数的50%，技术负责人应具备相应的管理能力和工程建设管理经验。

注意事项：

项目法人未设立专门质量管理机构的，应落实内设机构质量责任和质量管理岗位责任，明确质量责任主体和责任人。

3.2.2 项目法人质量管理制度

1. 政策依据

《水利工程质量管理规定》（水利部令第7号，2017年水利部令第49号修改）；

《水利工程建设项目法人管理指导意见》（水建设〔2020〕258号）；

《水利工程建设项目管理规定（试行）》（水建〔1995〕128号，2016年水利部令第48号修改）；

《水利部关于印发〈水利工程责任单位责任人质量终身责任追究管理办法（试行）〉的通知》（水监督〔2021〕335号）；

《关于促进建筑业持续健康发展的意见》（国办发〔2017〕19号）。

2. 质量管理制度

项目法人要加强工程质量管理，建立健全施工质量检查体系，根据工程特点建立质量管理制度。

注意事项：

项目法人质量管理制度一般应包括现场管理机构的质量管理职责划分、各质量管理岗位职责、工程质量领导责任制、责任追究制、质量奖惩制、明确的质量目标、质量缺陷管理制度、工程建设质量管理工作计划和方案、质量检查措施等。

3.2.3 质量终身责任制的落实

1. 政策依据

《水利部关于印发〈水利工程责任单位责任人质量终身责任追究管理办法（试行）〉的通知》（水监督〔2021〕335号）。

2. 质量终身责任制的落实

项目法人对水利工程质量负首要责任，对工程质量承担全面责任。水利工程质量终身责任管理实行书面承诺和竣工后永久性标志等制度。

承担水利工程项目建设的单位项目负责人应当在办理工程质量监督手续前签署工程质量终身责任承诺书，连同项目负责人证明材料，由项目法人报工程质量监督机构备案。项目负责人如有更换的，应按前述规定重新备案。

水利工程竣工验收合格后，项目法人应当在水利工程明显部位设置永久性标志，载明主要建筑物的建设、勘察、设计、施工、监理等单位名称和项目负责人姓名。

3.2.4 质量监督手续

1. 政策依据

《水利工程质量管理规定》（水利部令第7号，2017年水利部令第49号修改）；

《水利工程质量监督规程》（DB34/T 2289—2021）。

2. 办理质量监督手续

项目法人在工程开工前，应按规定向水利工程质量监督机构办理工程质量监督手续。

注意事项：

（1）建设周期长、需分批实施多个单项工程的建设项目，在前期办理总体项目质量监督书的基础上，每个单项工程开工前，项目法人应报送该单项工程质量监督备案表，作为总体项目质量监督书的补充。

（2）项目法人办理质量监督手续时，除提交《水利工程质量监督规程》（DB34/T 2289—2021）规定的材料外，还需按《水利部关于印发〈水利工程责任单位责任人质量终身责任追究管理办法（试行）〉的通知》（水监督〔2021〕335号）要求提交参建单位项目负责人工程质量终身责任承诺书。

3.2.5 设计技术交底

1. 政策依据

《水利工程质量管理规定》（水利部令第7号，2017年水利部令第49号修改）。

2. 组织开展技术交底

项目法人应组织设计和施工单位进行技术交底和施工图交底；一般应要求设计单位派出代表常驻工地，处理设计变更现场突发事件及相关技术问题。

注意事项：

项目法人或委托监理单位主持召开技术交底和施工图交底会议，项目法人、监理单位、设计单位、施工单位参会。设计单位就施工图纸和设计意图进行现场答疑，会议上就达成共识的问题形成会议纪要。会后由设计单位出具书面答疑材料，由项目法人、监理单位、施工单位检查后签字确认。

3.2.6 工程项目划分

1. 政策依据

《水利水电工程施工质量检验与评定规程》（SL 176—2007）；

《水利工程质量监督规程》（DB34/T 2289—2021）。

2. 组织开展工程项目划分

项目法人在主体工程开工前，组织监理、设计及施工等单位根据设计文件进行工程项目划分，按级划分为单位工程、分部工程、单元（工序）工程等三级，并确定主要单位工程、主要分部工程、重要隐蔽单元工程和关键部位单元工程。工程中永久性房屋（管理设施用房）、专用公路、专用铁路等工程项目，可按相关行业标准划分和确定项目名称。

项目法人在主体工程开工前将项目划分表及说明书面报相应工程质量监督机构确认。

注意事项：

（1）项目划分原则符合《水利水电工程施工质量检验与评定规程》（SL 176—2007）第 3.2.2～3.2.4 条的规定，主要单位工程、重要隐蔽（关键部位）单元工程应符合《水利水电工程施工质量检验与评定规程》（SL 176—2007）第 2.0.7～2.0.9 条的规定，主要分部工程参考《水利水电工程施工质量检验与评定规程》（SL 176—2007）条文说明中附表 1～附表 3 确定。

（2）工程实施过程中，因施工内容调整，需对单位工程、主要分部工程、重要隐蔽（关键部位）单元工程的项目划分进行调整的，项目法人应在拟调整的工程动工前重新报送、确认。

3.2.7　检查参建单位质量行为、工程实体质量

1. 政策依据

《水利工程质量管理规定》（水利部令第 7 号，2017 年水利部令第 49 号修改）；

《水利部关于印发〈水利工程建设质量与安全生产监督检查办法（试行）〉和〈水利工程合同监督检查办法（试行）〉两个办法的通知》（水监督〔2019〕139 号）；

《水利工程质量监督规程》（DB34/T 2289—2021）。

2. 检查参建单位质量管理体系、质量行为、工程实体质量

项目法人要加强工程质量管理，在工程建设过程中检查监理、施工单位质量管理体系以及勘察、设计单位的现场服务体系的建立及运行情况，检查参建单位技术标准特别是强制性标准（条文）执行和工程质量检验与评定情况，检查原材料、中间产品和构配件、金属结构、机电设备、基础处理、重要部位实体质量和外观质量以及设备试运行情况，发现问题及时予以指正并督促整改。

注意事项：

（1）项目法人按照水监督〔2019〕139 号所附检查清单，并可参照 DB34/T 2289—2021 附录 E 开展检查，形成检查记录。

（2）项目法人可委托全过程质量检测单位或全过程咨询单位等第三方开展检查。

（3）项目法人建立检查发现问题清单，跟踪督促整改落实，闭环管理。

3.2.8　全过程质量检测

1. 政策依据

《水利工程质量检测管理规定》（水利部令第 36 号，2017 年修正）；

《水利工程质量检测单位资质等级标准》（水利部公告〔2018〕3 号）；

《关于进一步加强全省水利工程质量检测管理工作的通知》（皖水建设函

〔2021〕477号）；

《水利工程质量检测技术规程》（SL 734—2016）；

《水利工程质量检测规程》（DB34/T 2290—2022）。

2. 全过程质量检测

项目法人对工程质量检测工作负首要责任，委托与工程规模等级对应资质等级的检测单位开展全过程质量检测。项目法人负责组织编制全过程质量检测方案，对检测方案认定后报质量监督机构备案。

注意事项：

（1）检测单位资质应符合《水利工程质量检测管理规定》（水利部令第36号）的要求，检测人员资格条件应满足《水利工程质量检测单位资质等级标准》（水利部公告〔2018〕3号）及有关规定要求，检测人员只能在一个检测单位从业。

（2）项目法人委托的全过程质量检测单位与项目法人、总承包、施工、监理及设备制造（供应）商等单位不得存在隶属关系或隶属同一经营实体及其他利害关系。

（3）检测方案应符合《水利工程质量检测技术规程》（SL 734—2016）及有关规定要求。

（4）大型水利工程（含一级堤防）主要建筑物以及水利工程质量与安全事故鉴定的质量检测业务，必须由具有甲级资质的检测单位承担。

（5）项目法人应督促检测单位在合同约定的时间内及时提交正式检测报告。

3.2.9 质量评定

1. 政策依据

《水利水电工程施工质量检验与评定规程》（SL 176—2007）；

《水利水电建设工程验收规程》（SL 223—2008）；

《水利工程外观质量评定规程》（DB34/T 4010—2021）；

《水利工程质量监督规程》（DB34/T 2289—2021）。

2. 质量评定

项目建设各阶段质量评定过程及核备程序详见表3-13。

表3-13　项目建设各阶段质量评定程序

项目建设阶段	质量评定过程及核备
重要隐蔽单元工程及关键部位单元工程质量	经施工单位自评合格、监理单位抽检合格后，由项目法人（或委托监理）、监理、设计、施工、工程运行管理（如果已有管理单位时）等单位组成联合小组，共同检查核定其质量等级并填写签证表

续表

项目建设阶段	质量评定过程及核备
分部工程质量	施工单位自评，监理单位复核，项目法人认定。
外观质量	工程开工初期，项目法人应组织监理、设计、施工、运行管理等单位有关人员组成外观质量评定工作组，研究确定外观质量评定项目。若单位工程中含有不同工程类型的分部工程，应确定其在单位工程外观质量综合评定中的权重系数，并报相应质量监督机构核备
	工程开工初期，项目法人应组织监理、施工等单位有关人员组成外观质量检测小组，必要时应安排专业检测人员参与外观质量检测工作
	工程建设过程中，外观质量检测小组根据工程进度及时进行外观量测，并将量测结果提交外观质量评定工作组
	外观质量评定工作组依据外观质量检测小组的检查（测）结果和成员各自现场外观质量检查结果，进行工程外观质量评定
	工程外观质量评定结束后，评定结果由项目法人报工程质量监督机构核备
单位工程质量	施工单位自评，监理单位复核，项目法人认定
工程项目质量	在单位工程质量评定合格后，由监理单位进行统计并评定工程项目质量等级，经项目法人认定后，报工程质量监督机构核备

注意事项：

（1）外观质量评定工作组成员应符合 SL 176 的规定，参建单位原则上由下列人员参加：项目法人技术负责人或质量负责人，设计单位项目负责人或现场设代组长，施工单位项目部项目经理、技术负责人或质量负责人，监理单位现场机构总监理工程师或副总监理工程师。

（2）当分部工程中混凝土（砂浆）试件大于 30 组时，试件质量应达到优良等级，该分部工程质量方可评定为优良。

（3）项目法人应对施工单位自检和监理单位抽检过程进行督促检查，对报工程质量监督机构核备的工程质量等级进行认定。

（4）现行标准未涉及的单元（工序）工程质量评定标准，项目法人应在该单元（工序）工程实施前组织设计、监理、施工等单位，根据技术标准、设计要求和设备生产厂商的安装操作说明书等制定质量评定标准，并符合 DB34/T 371 的要求，按规定报批。

3.2.10　验收及质量核备

1. 政策依据

《水利水电建设工程验收规程》（SL 223—2008）；

《水利水电工程施工质量检验与评定规程》（SL 176—2007）；

《水利工程质量监督规程》（DB34/T 2289—2021）。

2. 法人验收及质量核备

项目法人应成立验收工作组，组织主要设备出厂验收、重要隐蔽（关键部位）单元工程联合检查验收、分部工程验收、单位工程验收、竣工验收自查，应提前3个工作日通知质量监督机构。验收后项目法人应及时将验收质量结论和相关资料报质量监督机构核备，核备内容及报送时间详见表3-14。

表3-14 质量核备内容及报送时间

序号	核备内容	报送时间
1	影响主体工程质量和安全的临时工程质量检验及评定标准、工程外观质量标准及分值	工程开工初期
2	重要隐蔽（关键部位）单元工程联合检查验收资料	该单元工程所涉及分部工程验收及水下阶段验收前20个工作日内
3	分部工程、单位工程验收的质量结论和相关资料	验收通过之日后10个工作日内
4	外观质量评定结论	评定完成后10个工作日内
5	工程项目质量等级和相关资料	完成竣工验收自查工作之日起10个工作日内
6	工程质量缺陷备案	缺陷处理完成，质量评定合格后10个工作日内并在涉及分部工程或水下阶段验收前

注意事项：

项目法人组织主要设备出厂验收、重要隐蔽（关键部位）单元工程联合检查验收、分部工程验收、单位工程验收、工程竣工验收自查，应提前组织参建单位进行自查，自查合格后方可进行验收。

3.2.11 质量问题整改

1. 政策依据

《水利工程建设程序管理暂行规定》（1998年发布，2014年修正、2016年修正、2017年修正、2019年修正）；

《水利工程质量管理规定》（水利部令第7号，2017年水利部第49号修改）；

《水利部办公厅关于印发水利建设项目稽察常见问题清单（2021年版）的通知》（办监督〔2021〕195号）。

2. 质量问题整改

水利部、各流域管理机构、县级以上人民政府水行政主管部门监督检查发现的问题，项目法人应按要求组织限期整改，并及时报告整改情况。

注意事项：

质量问题整改及处理程序见表 3-15。

表 3-15　质量问题整改及处理程序

序号	问题性质	整改及处理程序
1	一般质量问题	由监理单位将核查结果上报项目法人
		由项目法人抽查并复核整改结果
2	较重质量问题	由监理单位将核查结果上报项目法人
		由项目法人组织设计、监理、全过程质量检测单位、施工对整改情况进行复核
		项目法人将最终复核结果上报上级检查单位
3	严重质量问题	项目法人组织设计、监理、全过程质量检测、施工对监理批复后的整改方案进行审查，审查通过后组织实施
		整改完成后由监理单位将核查结果上报项目法人
		由项目法人组织设计、监理、全过程质量检测单位、施工对整改情况进行复核
		项目法人将最终复核结果上报上级检查单位

3.2.12　质量缺陷处理

1. 政策依据

《水利水电工程施工质量检验与评定规程》（SL 176—2007）。

2. 质量缺陷处理

在施工过程中，因特殊原因使得工程个别部位或局部发生达不到技术标准和设计要求（但不影响使用），且未能及时进行处理的工程质量缺陷问题（质量评定仍定为合格），应以工程质量缺陷备案形式进行记录备案。

单元（工序）工程施工质量当达不到合格标准时，应及时处理。处理后的工程部分质量指标仍达不到设计要求时，经设计复核，项目法人及监理单位确认能满足安全和使用功能要求，可不再进行处理；或经加固补强后，改变了外形尺寸或造成工程永久性缺陷的，经项目法人、监理及设计单位确认能基本满足设计要求，其质量可定为合格，但应按规定进行质量缺陷备案。

质量缺陷备案表由监理单位组织填写，内容应真实、准确、完整。各工程参建单位代表应在质量缺陷备案表上签字，若有不同意见应明确记载。质量缺陷备案表应及时报工程质量监督备案。质量缺陷备案资料按竣工验收的标准制备。工程竣工验收时，项目法人应向竣工验收委员会汇报并提交历次质量缺陷备案资料。

注意事项：

工程发生质量缺陷需要进行缺陷备案的，施工单位应对缺陷部位进行观测或检测，制定缺陷处理方案，项目法人组织对缺陷处理方案进行论证。施工单位按处理方案处理完成后，需要进行检测的应委托有相应资质的检测机构进行检测，项目法人组织参建单位对缺陷处理结果认定合格后，报质量监督机构备案。

3.2.13 质量事故处理

1. 政策依据

《水利工程质量事故处理暂行规定》（水利部令第9号）。

2. 质量事故处理

水利工程质量事故分类标准详见表3-16。

表3-16 水利工程质量事故分类标准

损失情况		事故类别			
		特大质量事故	重大质量事故	较大质量事故	一般质量事故
事故处理所需的物资、器材和设备、人工等直接损失费用（人民币，万元）	大体积混凝土，金属结构制作和机电安装工程	>3000	>500，≤3000	>100，≤500	>20，≤100
	土石方工程、混凝土薄壁工程	>1000	>100，≤1000	>30，≤100	>10，≤30
事故处理所需合理工期（月）		>6	>3，≤6	>1，≤3	≤1
事故处理后对工程功能和寿命的影响		影响工程正常使用，需限制条件运行	不影响正常使用，但对工程寿命有较大影响	不影响正常使用，但对工程寿命有一定影响	不影响正常使用和工程寿命

注：1. 直接经济损失费用为必需条件，其余两项主要适用于大中型工程；
2. 小于一般质量事故的质量问题称为质量缺陷。

质量事故发生过程及后续处理相关要求详见表3-17。

表3-17 质量事故发生过程及后续处理相关要求

序号	主要内容	
1	发生质量事故后	项目法人必须将事故的简要情况向项目主管部门报告
	发生（发现）较大、重大和特大质量事故	事故单位要在48小时内向事故分类所规定单位写出书面报告
	突发性事故	事故单位要在4小时内电话向上述单位报告
2	事故发生后，事故单位要严格保护现场，采取有效措施抢救人员和财产，防止事故扩大	
3	发生质量事故，按照管理权限组织调查组进行调查，查明事故原因，提出处理意见，提交事故调查报告	

续表

序号	主要内容
4	发生质量事故，必须针对事故原因提出工程处理方案，经有关单位审定后实施
5	事故处理需要进行设计变更的，需原设计单位或有资质的单位提出设计变更方案。需要进行重大设计变更的，必须经原设计审批部门审定后实施
6	事故部位处理完成后，必须按照管理权限经过质量评定与验收后，方可投入使用或进入下一阶段施工

注意事项：

（1）水利建设项目发生质量事故的，影响全省水利建设质量考核结果和省政府对市级政府综合考核结果。

（2）建设过程中工程发生一般及以上质量或安全事故的，不得申报安徽省水利工程“禹王杯”奖。

3.3 安全生产

水利工程项目法人对项目建设全过程的安全生产负总责，承担项目建设安全生产的组织、协调，督促各参建方责任落实。建设项目安全生产工作应当以人为本，坚持人民至上、生命至上，坚持“安全第一、预防为主、综合治理”的方针，从源头上防范化解重大安全风险，坚持管业务必须管安全、管生产经营必须管安全，强化和落实参建单位主体责任。

本节主要依据《中华人民共和国安全生产法》、《水利工程建设安全生产管理规定》、《水利水电工程施工安全管理导则》（SL 721—2015）等相关法律法规、规程规范，介绍水利工程建设涉及项目法人的安全生产管理体系、施工安全管理、应急管理、档案与信息化建设等重点工作内容。

3.3.1 项目法人的安全生产管理机构和职责

1. 政策依据

《安徽省安全生产条例》（2006 年通过，2017 年修订）；

《水利安全生产监督管理办法（试行）》（水监督〔2021〕412 号）。

2. 主要内容

项目法人应根据项目实际情况成立安全生产领导小组，项目法人主要负责人担任组长，其他领导班子成员及部门负责人和设计、监理、施工等参建单位项目主要负责人为成员。项目法人应设置安全生产管理机构，配备安全生产管理机构负责人及专职安全生产管理人员，明确安全生产职责和权限。安全生产领导小组及安全生产管理机构主要职责见表3-18。

表3-18 安全生产领导小组及安全生产管理机构主要职责

机构	主要职责
项目安全生产领导小组	贯彻落实国家有关安全生产的法律、法规、规章、制度和标准
	制订项目安全生产总体目标及年度目标、安全生产目标管理计划
	组织编制保证安全生产措施方案和蓄水安全鉴定等工作
	组织制订项目安全生产管理制度并落实
	协调解决项目安全生产工作中的重大问题等
项目法人安全生产管理机构	组织制订安全生产管理制度、安全生产目标、保证安全生产的措施方案
	建立健全安全生产责任制
	负责办理安全监督手续
	组织审查重大安全技术措施方案
	审查施工单位安全生产许可证及有关人员的执业资格
	监督检查施工单位安全生产费用使用情况
	组织开展安全检查，组织召开安全例会，组织年度安全考核、评比，提出安全奖惩的建议
	负责日常安全管理工作，做好施工重大危险源、重大生产安全事故隐患及事故统计、报告工作，建立安全生产档案
	协助生产安全事故调查处理工作
	监督检查监理单位的安全监理工作
	负责安全生产领导小组的日常工作等

注意事项：

项目法人应抓好项目及自身安全管理机构建设，同时要加强督促检查，并通过考核、内部评比等，督促其他各参加单位安全管理体系建立和运行。

3.3.2 安全生产目标管理

1. 政策依据

《水利部关于印发〈水利安全生产标准化评审管理暂行办法〉的通知》（水安监〔2013〕189号）。

2. 主要内容

项目法人应建立安全生产目标管理制度，根据工程实际，制定安全生产总目标和年度目标，包括生产安全事故控制、风险管控、生产安全事故隐患排查治理、安全生产投入等目标。项目法人与项目部各部门（单位）和各参建单位签订安全生产责任（协议）书，根据职能分解目标，定期对完成情况进行检查、评估、考核奖惩。

项目法人同时督促检查参建单位落实此项工作。

3.3.3 安全生产相关制度

1. 安全生产责任制

安全生产责任制主要内容见表3-19。

表3-19 安全生产责任制主要内容

责任主体	主要内容
项目法人	建立健全全员安全生产责任制，明确各级单位、部门及人员的安全生产职责、权限和考核奖惩等内容。监督检查参建单位制定全员安全生产责任制
主要负责人	全面负责安全生产工作，并履行相应责任和义务
分管负责人	对各自职责范围内的安全生产工作负责
各级管理人员	按照安全生产责任制的相关要求，履行其安全生产职责
其他从业人员	按规定履行安全生产职责

2. 安全生产管理制度

项目法人及时将识别、获取的安全生产法律法规和其他要求转化为本单位规章制度，结合本单位实际，建立健全安全生产规章制度体系。项目法人同时督促检查参建单位落实此项工作。

3.3.4 安全生产监督手续

1. 政策依据

《安徽省建设工程安全生产管理办法》（2016年省政府令第265号）；

《安徽省水利工程建设安全生产监督示范文本》。

2. 主要内容

项目法人应当在工程开工前，向有管辖权的安全生产监督机构申请办理安全生产监督手续，提交《水利工程建设项目安全生产监督申请书》及附件。未办理安全生产监督手续的，水行政主管部门不予开工备案。

项目法人提交的附件资料包括：工程及参建单位基本信息；危险性较大的单项工程清单及对应的安全生产管理措施；项目法人及现场管理机构组建批复文件。

3.3.5 安全技术措施方案

1. 安全生产措施方案编制

项目法人应组织编制保证安全生产的措施方案，并于工程开工之日起15日内报有管辖权的水行政主管部门及安全生产监督机构备案。建设过程中情况发生变化时重新备案。项目法人保证安全生产的措施方案内容见表 3-20。

表 3-20　项目法人保证安全生产的措施方案内容

序号	主要内容
1	项目概况
2	编制依据和安全生产目标
3	安全生产管理机构及相关负责人
4	安全生产的有关规章制度制定情况
5	安全生产管理人员及特种作业人员持证上岗情况
6	重大危险源监测管理和安全事故隐患排查治理方案
7	生产安全事故应急救援预案
8	工程度汛方案和其他有关事项等

2. 专项施工方案管理

项目法人应督促施工单位在施工前，对达到一定规模的危险性较大的单项工程编制专项施工方案；对于超过一定规模的危险性较大的单项工程，组织专家对专项施工方案进行审查论证，逐项落实专家审查论证意见，并严格按照专项施工方案组织施工。

3. 拆除、爆破工程资料备案

项目法人应在拆除工程或者爆破工程施工 15 日前，按规定将资料报送主管部门、安全生产监督机构备案。备案需要提供以下资料：施工单位资质等级证明、爆破人员资格证书；拟拆除或拟爆破的工程及可能危及毗邻建筑物的说明；施工组织方案；堆放、清除废弃物的措施；生产安全事故的应急救援预案等。

3.3.6　度汛安全管理

1. 政策依据

《中华人民共和国防汛条例》（1991 年国务院令第 86 号，2005 年第一次修订、2011 年第二次修订）；

《水利部关于进一步做好在建水利工程安全度汛工作的通知》（水建设〔2022〕99 号）。

2. 主要内容

在建水利工程项目法人要成立安全度汛工作领导小组，全面落实安全度汛工作责任制，扎实做好度汛各项措施，确保工程安全度汛。项目法人度汛安全管理主要工作见表 3-21。

表 3-21　项目法人度汛安全管理主要工作

序号	主要内容
1	在建水利工程项目法人承担安全度汛工作的首要责任，组织设计、施工、监理等参建单位制订度汛方案和超标准洪水应急预案，将安全度汛工作责任分解到各参建单位，督促落实安全度汛各项工作措施。在建水利工程各参建单位依据度汛方案确定的职责分工，承担安全度汛工作的主体责任。项目法人和各参建单位要将安全度汛工作责任逐级落实到各部门、各岗位，确保责任到人
2	组织编制工程度汛方案和超标准洪水应急预案，应于每年主汛期前1个月编制完成，由项目法人组织召开专家咨询会进行论证后，印发各参建单位执行，并报项目主管部门和水行政主管部门备案
3	在建水利工程项目法人和参建各方应在保证质量和安全的前提下，采取有效措施加快工程建设进度。要以涉及度汛安全的工程为重点，优化施工组织方案，优先保障资源配置，确保穿（破）堤（坝）施工工程、施工围堰、导流设施、深基坑、水下工程等重点部位形象面貌在汛前满足安全度汛要求。对特殊原因不能满足要求的，要制订应急处置方案，报项目主管部门批准后实施
4	在建水利工程项目法人和参建各方应建立健全安全度汛组织机构，充实防汛抢险队伍，备足备齐防汛器材、设备等物资，完善安全监测、视频监控、水文预报、预警通信等设施，积极应用现代化防洪抢险技术装备，落实好人防、物防、技防工作措施。要落实汛期值班值守、领导干部到岗带班、关键岗位24小时值班制度，保障现场应急指挥能力。要加强对一线施工人员的应急教育和避险自救培训，确保现场作业人员安全
5	在建水利工程项目法人要与属地防汛指挥机构、水行政主管部门和相关部门建立畅通的联系渠道，充分运用相关预测预报成果，科学研判雨情、水情、汛情、工情以及地质灾害情况。遇重大汛情、险情，项目法人应按照项目管理权限，第一时间向防汛指挥机构、水行政主管部门和项目主管部门报告，启动应急响应，科学有效处置，协助当地做好工程影响区域内的群众转移避险，全力保障人民群众生命财产安全和社会稳定
6	项目法人汛前和汛中应组织参建单位对在建水利工程安全度汛工作进行深入细致的检查，全面检查防汛责任、队伍、预案、物资等落实情况，重点排查工程施工现场及施工营地安全等度汛隐患，对于发现的问题立即组织整改。对于度汛隐患不能按要求完成整改的，要坚决停止汛期施工，严防度汛安全事故发生

注意事项：

（1）项目法人应和有关参建单位签订安全度汛目标责任书，明确各参建单位防汛度汛责任。

（2）对跨汛期施工的项目，项目法人每年应至少组织各参建单位参加一次超标准洪水应急演练。

（3）项目法人编制在建水利工程度汛方案和超标准洪水应急预案要按照《水利部关于进一步做好在建水利工程安全度汛工作的通知》（水建设〔2022〕99号）附件1、附件2编制指南有关要求，结合项目实际进行编写。

3.3.7 安全技术交底

项目法人安全技术交底主要工作见表3-22。

表3-22 项目法人安全技术交底主要工作

序号	主要内容
1	工程开工前，组织各参建单位就落实保证安全生产的措施方案进行全面系统的布置，明确各参建单位的安全生产责任
2	组织设计单位就工程的外部环境、工程地质、水文条件对工程施工安全可能构成的影响，工程施工对当地环境安全可能造成的影响，以及工程主体结构和关键部位的施工安全注意事项等进行设计交底
3	定期组织对安全技术交底情况进行检查

注意事项：

安全技术交底必须在施工作业前进行，任何项目在没有交底前不得进行施工作业。

3.3.8 现场安全管理职责

项目法人现场安全管理主要职责见表3-23。

表3-23 项目法人现场安全管理主要职责

序号	主要内容
1	对项目建设全过程的安全生产负总责，承担项目建设安全生产的组织、协调，督促落实责任，负责施工现场公共区域、交叉区域的协调和监督管理，为施工单位提供安全、良好的施工环境
2	向施工单位提供现场及施工可能影响的毗邻区域内供水、排水、供电、供气、供热、通信、广播电视等地下管线资料，拟建工程可能影响的相邻建筑物和构筑物、地下工程的有关资料，并确保有关资料真实、准确、完整，满足有关技术规范要求
3	不得对参建单位提出违反建设工程安全生产法律、法规和强制性标准规定的要求
4	项目法人不得随意压缩合同约定的工期

3.3.9 检查参建单位的安全生产行为

1. 政策依据

《关于印发水利工程建设安全生产监督检查导则的通知》（水安监〔2011〕475号）。

2. 主要内容

项目法人检查参建单位的安全生产行为主要内容见表3-24。

表 3-24　项目法人检查参建单位的安全生产行为主要内容

督促检查对象	主要内容
设计单位	在工程设计文件中执行相关强制性标准的有关情况；做好施工图设计交底、施工图会审、设计变更审批等设计控制；对采用新结构、新材料、新工艺以及特殊结构的工程，应组织审查、论证设计中保障作业人员安全和预防事故的措施方案
监理单位	编制监理规划和安全监理实施细则；审查施工组织设计中的安全技术措施或者专项施工方案；实施现场施工安全监理
施工单位	施工组织设计中的安全措施编制情况，对危险性较大的作业按相关规定编制专项安全技术措施方案，必要时进行论证、备案，实施时安排专人现场监督
各参建单位	从业人员作业行为的安全管理，对设备设施、工艺技术及从业人员作业行为等进行安全风险辨识，采取相应的措施，对高危险作业按有关规定实施有效管理。购买、租赁、使用符合安全施工要求的安全防护用具、机械设备、施工机具及配件、消防设施和器材。监督检查特种设备安装、拆除的人员资格、单位资质，以及定期检测、运行管理情况
供应商或承包人	提供的工程设备和配件等产品的质量和安全性能达到国家有关技术标准要求

注意事项：

（1）项目法人根据检查情况，可直接或通过监理单位向被检查单位下达整改意见；有关部门和工程各参建单位应认真研究制订整改方案，落实整改措施，尽快完成整改并及时反馈整改意见落实情况。

（2）项目法人为弥补自身技术力量不足，有条件的可通过购买服务的方式，引入第三方专业安全巡查单位，强化现场安全管控能力。

（3）两个以上施工单位在同一作业区域内进行可能危及对方安全生产的生产经营活动，应签订安全生产管理协议，指定专职安全生产管理人员进行安全检查与协调。

3.3.10　建立风险分级管控与事故隐患排查治理双重预防机制

1. 政策依据

《关于印发〈安徽省安全生产重大安全隐患挂牌督办办法〉的通知》（皖安〔2014〕6 号）；

《关于开展水利安全风险分级管控的指导意见》（水监督〔2018〕323 号）；

《水利水电工程施工危险源辨识与风险评价导则（试行）》（办监督函〔2018〕1693 号）；

《水利工程生产安全重大事故隐患判定标准（试行）》（水安监〔2017〕344 号）。

2. 主要内容

（1）安全风险管控

水利工程建设项目法人和勘测、设计、施工、监理等参建单位是危险源辨识、风险评价和管控的主体，应结合本工程实际，根据工程施工现场情况和管理特点，全面开展危险源辨识与风险评价，编制危险源辨识与风险评价报告，严格落实相关管理责任和管控措施。施工期，各单位应对危险源实施动态管理，及时掌握危险源及风险状态和变化趋势，实时更新危险源及风险等级，并根据危险源及风险状态制订针对性防控措施。安全风险分级管控见表 3-25。

表 3-25　安全风险分级管控

序号	风险等级	划分标准	危险程度	预警标示颜色	分级管控要求
1	重大风险	发生风险事件概率、危害程度均为大，或危害程度大、发生风险事件概率为中	极其危险	红	由项目法人组织监理、施工单位共同管控，主管部门重点监督检查
2	较大风险	发生风险事件概率、危害程度均为中，或危害程度为中、发生风险事件概率为小	高度危险	橙	由监理单位组织施工单位共同管控，项目法人监督
3	一般风险	发生风险事件概率为中、危害程度为小	中度危险	黄	由施工单位管控，监理单位监督
4	低风险	发生风险事件概率、危害程度均为小	轻度危险	蓝	由施工单位自行管控

（2）事故隐患排查治理

项目法人事故隐患排查治理主要工作见表 3-26。

表 3-26　项目法人事故隐患排查治理主要工作

序号	主要内容
一	事故隐患排查
1	项目法人应组织参建单位制订项目事故隐患排查制度
2	施工单位应根据项目法人事故隐患排查制度，制订本单位的事故隐患排查制度
3	水利工程建设各参建单位是事故隐患排查判定工作的主体，要根据有关法律法规、技术标准和判定标准对排查出的事故隐患进行科学合理的判定
4	有关单位对于判定出的重大事故隐患，要立即组织整改，不能立即整改的，要做到整改责任、资金、措施、时限和应急预案“五落实”
5	重大事故隐患及其整改进展情况需经本单位负责人同意后报有管辖权的水行政主管部门备案
二	事故隐患治理
1	重大事故隐患治理方案应由施工单位主要负责人组织制订，经监理单位审核，报项目法人同意后实施
2	项目法人应将重大事故隐患治理方案报项目主管部门和安全生产监督机构备案

续表

序号	主要内容
3	事故隐患治理完成后，项目法人应组织对重大事故隐患治理情况进行验证和效果评估，并签署意见，报项目主管部门和安全生产监督机构备案
4	隐患排查组织单位应负责对一般安全隐患治理情况进行复查，并在隐患整改通知单上签署明确意见

注意事项：

对于危险源的辨识和风险评价，水利部《水利水电工程施工危险源辨识与风险评价导则（试行）》附表中所列条目应组织有经验的专家、技术人员结合实际情况综合分析论证后确定，不能机械照搬。

3.3.11　安全生产费用管理

1. 政策依据

《安徽省安全生产条例》（2006年通过，2017年修订）。

2. 主要内容

项目法人不得调减或挪用批准概算中所确定的安全生产费用，应督促施工单位落实安全作业环境及安全施工措施费用。项目法人安全生产费用管理制度应明确安全费用使用、管理的程序、职责及权限等，并要求施工单位按规定及时、足额使用安全生产费用。项目法人安全生产费用的计取和使用范围见表3-27。

表3-27　项目法人安全生产费用的计取和使用范围

序号	主要内容
一	安全生产费用计取
1	项目法人应在工程承包合同中明确安全生产所需费用、支付计划、使用要求、调整方式等
2	项目法人应在招标文件中列出安全生产费用项目清单，明确投标方应按有关规定计取，单独报价，不得删减，且在评标办法中要体现其为不可竞争费用
3	项目法人对安全生产有特殊要求，需增加安全生产费用的，应在招标文件中说明，并列入安全生产费用项目清单
二	安全生产费用使用范围
1	完善、改造和维护安全防护设施设备支出（“三同时”要求初期投入的安全设施），包括施工现场临时用电系统、洞口、临边、机械设备、高处作业防护、交叉作业防护、防火、防爆、防尘、防毒、防雷、防台风、防地质灾害、地下工程有害气体监测、通风、临时安全防护等设施设备支出
2	配备、维护、保养应急救援器材设备支出和应急演练支出
3	开展重大危险源和事故隐患排查评估监控和整改支出

续表

序号	主要内容
4	安全生产检查评估咨询和标准化建设支出
5	配备和更新现场作业人员安全防护用品支出
6	安全生产宣传、教育、培训支出
7	适用的安全生产新技术、新标准、新工艺、新装备的推广应用支出
8	安全设施及特种设备检测检验支出
9	安全生产信息化建设及相关设备支出
10	其他与安全生产相关的支出等

3.3.12 应急管理

1. 政策依据

《水利部关于进一步加强水利安全生产应急管理提高生产安全事故应急处置能力的通知》(水安监〔2014〕19号，2017年第32号修订)；

《生产安全事故应急预案管理办法》(安监总局令第88号，2019年应急管理部修改实施)；

《水利工程建设重大质量与安全事故应急预案》(水建管〔2006〕202号)。

2. 主要内容

项目法人应组织制订项目生产安全事故应急救援预案、专项应急预案，并报项目主管部门和安全生产监督机构备案。项目法人应会同有关参建单位组建项目事故应急处置指挥机构并履行职责。项目事故应急处置指挥机构主要职责见表3-28。

表3-28 项目事故应急处置指挥机构主要职责

序号	主要内容
1	制订事故应急预案，明确各参建单位的责任，落实应急救援的具体事故的扩大和蔓延，尽力减少损失
2	及时向地方人民政府、地方安全生产监督管理部门和有关水行政主管部门应急处置指挥机构报告事故情况
3	配合工程所在地人民政府应急救援指挥机构的救援工作
4	配合有关水行政主管部门应急处置指挥机构及其他有关主管部门发布和通报有关信息
5	组织事故善后工作，配合事故调查、分析和处理
6	落实并定期检查应急救援队伍、器材、设备情况
7	组织应急预案的宣传、培训和演练
8	完成事故救援和处理的其他相关工作等

3.3.13 事故报告与处置

1. 政策依据

《生产安全事故报告和调查处理条例》（2007年国务院令第493号）；

《水利安全生产信息报告和处置规则》（水安监〔2016〕220号）；

《安徽省生产安全事故报告和调查处理办法》（省政府令第232号）。

2. 主要内容

事故报告与处置主要工作见表3-29。

表3-29 事故报告与处置主要工作

序号	主要内容
1	发生生产安全事故后，事故现场有关人员应立即报告本单位负责人和项目法人
2	事故单位负责人接到事故报告后，应在1小时之内向项目主管部门、安全生产监督机构、事故发生地县级以上人民政府安全监督管理部门和有关部门报告
3	特种设备发生事故，应同时向特种设备安全监督管理部门报告
4	发生生产安全事故后，项目法人、监理单位和事故单位必须迅速、有效地实施先期处置
5	发生生产安全事故后，项目法人及事故单位主要负责人应立即到现场组织抢救，启动应急预案，采取有效措施，防止事故扩大

3.3.14 档案管理和信息化建设

1. 政策依据

《水利安全生产监督管理办法（试行）》（水监督〔2021〕412号）；

《水利安全生产信息报告和处置规则》（水安监〔2016〕220号）；

《水利水电工程施工安全管理导则》（SL 721—2015）。

2. 主要内容

（1）档案管理

项目法人档案管理主要工作见表3-30。

表3-30 项目法人档案管理主要工作

序号	主要内容
1	项目法人对安全生产档案管理工作负总责，应做好自身安全生产档案的收集、整理、归档工作
2	项目法人加强对各参建单位安全生产档案管理工作的监督、检查和指导
3	项目法人每年至少评估一次安全生产法律法规、标准规范、规范性文件、规章制度、操作规程的适用性、有效性和执行情况，督促检查参建单位开展此项工作

（2）信息化建设

项目法人根据实际情况，利用信息化手段加强安全生产管理工作，在信息管理系统中办理安全监督手续、报送安全生产相关资料（保证安全生产的措施方案、危大工程专项施工方案、重大事故隐患排查治理资料、重大危险源管控资料、安全事故资料等）并配合安全生产监督检查且完成整改，推动项目安全管理规范化、程序化、信息化建设。

注意事项：

水利部水利安全生产信息系统已在全国范围内推广运用，其中设立了项目法人客户端，要求每月填报。该系统的填报情况纳入了全国省级区域水利安全生产状况评价结果排名通报和省政府对各市综合考核内容，项目法人必须高度重视，按规定认真填报。

3.4 工程进度和统计

做好工程施工过程中的计划及进度管理工作，使工程的施工按照预期进度计划执行，避免出现拖延工期，是保障工程进度和发挥工程效益的重要工作。本节主要就项目法人从水利工程进度计划编制、工程进度计划控制及动态管理、建立统计台账等方面说明有关进度控制和统计方面的做法及要求。

3.4.1 工程建设进度

1. 政策依据

《关于加快推进重大水利工程建设的指导意见》（发改农经〔2017〕1462 号）；

《关于加快推进重大水利工程建设的指导意见》（水规计〔2015〕105 号）；

《水利水电建设工程验收规程》（SL 223—2008）。

2. 主要内容

加快中央投资计划执行力度，认真梳理关键环节和控制节点，优化施工组织设计，提高管理水平，在确保工程质量和安全的前提下，全面推进工程建设进度，尽快形成实物工作量，避免建设资金沉淀。

对于当年安排的中央水利投资计划，在年底前，重大水利工程年度中央投资计划完成率要达到 90%以上，其他水利工程年度中央投资计划完成率要达到 80%以上。

对未开工项目，要限定开工时间，尽快开工；对在建项目，要不断优化施工方案，制订好寒冷、雨雪等恶劣条件下施工的预案，抢抓一切可利用的施工时间，加快工程建设。

项目法人要跟踪地方政府落实移民征地进度满足施工用地需求，协调移民管理机构搬迁进度，满足安全度汛需要。

项目法人要求施工单位施工进度满足合同工期；编制详细的施工（阶段、专项）进度计划，造成工程的实际进度与合同进度计划不一致时，应及时修订；施工进度计划延迟，施工单位应编制施工合同赶工措施报告，以上均要报监理审批。

项目法人应在开工报告批准后60个工作日内制订法人验收工作计划，报法人验收监督管理机关备案。

项目法人应加强工程进度管理，尤其是关键线路工程进度、主体工程节点进度、工程建设过程中汛前重要单项工程进度及附属工程进度与总体工程进度要相适应等。

注意事项：

项目法人在招标阶段对项目总体安排、征地拆迁、资金计划下达、施工环境等因素进行分析预测，在招标中明确截流、水下工程、汛前工程、泵站机组运行验收、完工验收等关键节点进度要求，在主体工程开工后60日内及时编制并上报项目法人验收工作计划；跨年项目应编制年度总结及下一年工作计划（重点水利建设工程应按照《重点水利工程总结和下一年实施方案参考提纲》进行编制，其他水利工程可参照执行）。

3.4.2 年度进度

1. 政策依据

《关于加快推进重大水利工程建设的指导意见》（水规计〔2015〕105号）；

《水利部关于印发水利工程建设项目法人管理指导意见的通知》（水建设〔2020〕258号）。

2. 主要内容

各地、各单位要建立相应调度会商制度，落实分级监管职责。要按具体项目或打捆项目类型制订本地区、本单位水利建设项目年度实施方案，逐月明确当月完成的工作任务，其中，对重大工程要逐项制订年度实施方案和月进度计划。

项目法人应组织编制、审核、上报项目年度建设计划和资金预算，配合有关部门落实年度工程建设资金，按时完成年度建设任务和投资计划，依法依规管理和使用建设资金。

项目法人要督促监理单位落实施工单位应根据合同进度计划，编制更为详细的分阶段或单位工程，或分部工程进度计划，报监理人审批。

要定期调度会商，强化督导检查工程建设和投资计划执行进度，确保如期实现重大水利工程年度目标。

注意事项：

列入目标考核的工程，年度工程进度应满足目标计划考核要求。

3.4.3 节点进度

1. 政策依据

《水利部关于进一步做好在建水利工程安全度汛工作的通知》（水建设〔2022〕99号）。

2. 主要内容

在建水利工程项目法人和参建各方应在保证质量和安全的前提下，采取有效措施加快工程建设进度。要以涉及度汛安全的工程为重点，优化施工组织方案，优先保障资源配置，确保穿（破）堤（坝）施工工程、施工围堰、导流设施、深基坑、水下工程等重点部位形象面貌在汛前满足安全度汛要求。对特殊原因不能满足要求的，要制订应急处置方案，报项目主管部门批准后实施。要及时协调解决制约工程进度的突出问题，落实移民搬迁工作计划，做好与度汛有关工程的验收工作，保证已完工程汛期发挥作用。

项目法人要督促监理单位要求施工单位落实关键阶段工程（截流、下闸蓄水、首台机启动等）和主体工程节点进度滞后问题及处理。

3.4.4 工程进度计划控制及动态管理

1. 政策依据

初步设计批复、施工组织设计等。

2. 主要内容

项目法人应综合考虑各方因素，实事求是地编制进度总计划，确定汛前及关键线路建设内容、关键节点的时间与进度要求，并进行动态管理。加强进度管控主要从以下几方面把关：

（1）审查施工组织设计中各阶段建设目标与总进度计划是否一致，关键线路的制定是否正确，人、机、料及施工方案是否合理，逐项分解细化目标任务。

（2）加强工程调度和完善例会制度，及时解决施工中出现的问题。

（3）施工过程中重点抓住关键线路，做到“以旬保月、以月保季、以季保年”，对进度滞后的，检查保证进度控制措施落实情况是否到位，并及时进行动态调整。

注意事项：

（1）把好施工组织设计审查关，避免施工组织设计编制形式化、空话、套话，后期实施时缺少抓手。

（2）项目法人应做好地方政府征地拆迁等施工环境协调工作，以确保工程顺利实施。

（3）项目法人应积极做好资金的保障工作。

3.4.5 进度统计台账

1. 政策依据

《水利统计管理办法》(水规计〔2014〕322号)。

2. 主要内容

纳入水利统计范围的国家机关、企事业单位、其他组织以及个体工商户和个人等统计调查对象,应当真实、准确、完整、及时地提供水利统计调查所需资料,不得虚报、瞒报、迟报、拒报水利统计资料。

水利基本建设投资项目,项目法人应制定统计报表制度,安排专人按照《水利建设投资统计报表制度》要求编制月报、年报,定期上报。

监理机构应建立合同工程付款台账,对付款情况进行记录。根据工程实际进展情况,对合同工程付款情况进行分析,必要时提出合同工程付款计划调整建议。

注意事项:

工程量统计涉及多个标段的,应提前统一计量口径,施工单位各标段指定专人负责。

3.5 资金的使用与管理

近年来,随着《中华人民共和国预算法》《中华人民共和国预算法实施条例》和《基本建设财务规则》(财政部令第81号,2017年财政部令第90号修改)等法律法规的陆续出台,对水利基本建设项目法人的资金使用和管理提出了新的更高要求。本部分主要依据这些新出台的法律法规,结合我省实际,分别介绍财务机构主要职责、会计基础工作、资金筹集、资金管理、资金使用、建设征地补偿和移民安置资金管理、农民工工资管理、竣工财务决算管理、固定资产采购和移交管理、资产交付管理等方面的政策解读、最新要求和经验体会,旨在帮助项目法人进一步规范资金管理行为,保障建设资金安全,提高建设资金使用效益。

3.5.1 财务机构的主要职责

项目法人应按《会计法》和建设管理的需要设置财务机构,建立健全内部资金管理制度、内部控制制度、工程款审计支付制度等,依据《基本建设财务规则》(财政部令第81号)和《水利基本建设资金管理办法》(财基字〔1999〕139号),项目法人财务管理工作主要职责参见表3-31。

表 3-31　项目法人财务管理工作主要职责

序号	主要职责
1	贯彻执行水利建设资金管理的规章制度，建立健全内部资金管理制度和控制制度
2	及时筹集项目建设资金，保证工程建设资金需要
3	严格按照批准的建设规模、内容、标准和概算投资，合理有效地使用建设资金
4	按照规定编制项目资金预算，根据批准的项目概（预）算做好核算管理，及时掌握建设进度，定期进行财产物资清查，做好核算资料档案管理
5	按照规定向财政部门、项目主管部门报送基本建设财务报表和资料
6	监督检查现场建设管理机构、征迁管理机构的资金使用管理情况，对发现的问题及时督促整改，问题严重的报主管部门处理
7	依据合同约定，监督检查施工、监理、设计等单位与工程相关的财务收支活动
8	审计办理工程价款结算，并对其合法性、真实性、准确性负责，编报项目竣工财务决算，办理资产交付使用手续
9	财政部门和项目主管部门要求的其他工作

3.5.2　会计基础工作

1. 政策依据

《中华人民共和国会计法》（2017 年 11 月 4 日修订）；

《基本建设财务规则》（财政部令第 81 号，2017 年财政部令第 90 号修改）；

《会计档案管理办法》（财政部、国家档案局令第 79 号）；

《会计基础工作规范》（财会字〔1996〕19 号，2019 年财政部令第 98 号修改）；

《基本建设项目建设成本管理规定》（财建〔2016〕504 号）；

《政府会计制度——行政事业单位会计科目和报表》（财会〔2017〕25 号）；

《关于贯彻实施政府会计准则制度的通知》（财会〔2018〕21 号。

2. 会计基础工作的主要内容和相关要求

（1）会计机构设置和会计人员配备（表 3-32）

表 3-32　会计机构设置和会计人员配备有关要求

序号	主要内容	备注
1	各单位应当根据会计业务的需要，设置会计机构，或者在有关机构中设置会计人员并指定会计主管人员	不具备设置条件的，应当委托经批准设立，从事会计代理记账业务的中介机构代理记账
2	会计人员应当具备从事会计工作所需要的专业能力。担任单位会计机构负责人（会计主管人员）的，应当具备会计师以上专业技术职务资格或者从事会计工作三年以上经历。出纳人员不得兼任稽核、会计档案保管和收入、支出、费用、债权债务账目的登记工作	

（2）内控制度

制定基本建设财务管理制度和内部控制制度，主要包括财务会计人员岗位管理办法、工程建设价款结算管理办法、财务管理办法、建管费使用管理办法、资产管理办法等。

建立会计档案管理制度：单位应当加强会计档案管理工作，建立和完善会计档案的收集、整理、保管、利用和鉴定销毁等管理制度，采取可靠的安全防护技术和措施，保证会计档案的真实、完整、可用、安全。按规定保管会计资料，并将会计凭证、会计账簿与各类报表及时进行归档。

（3）会计核算

确定会计核算制度：单位对基本建设投资应当按照《政府会计制度》等规定统一进行会计核算，按项目单独核算，并保证项目资料完整。

会计资料真实可靠：单位必须根据实际发生的经济业务事项进行会计核算，填制会计凭证，登记会计账簿，编制财务会计报告。任何单位不得以虚假的经济业务事项或者资料进行会计核算。任何单位和个人不得伪造、变造会计凭证、会计账簿及其他会计资料，不得提供虚假的财务会计报告。

注意事项：

（1）项目法人按照《政府会计制度》要求设置账套，并进行建设项目辅助核算，保证建设项目会计核算清晰、完整、真实。对于设立现场管理机构的工程建设项目，现场管理机构无需另行设置会计机构，项目法人可采用“集中核算、统一管理”模式，工程建设的财务管理和会计核算均由项目法人统一负责，现场管理机构向项目法人履行报账手续。要避免出现原始凭证不合规、记账凭证填制不规范、未按规定设置会计账簿和会计科目、建设管理费未明细核算、会计核算及账务处理不及时等基础性问题。

（2）根据《基本建设财务规则》《政府会计制度——行政事业单位会计科目和报表》有关要求，不再单独设基建账，行政事业单位应在单位大账里按不同概算项目单独核算，例如在“在建工程”一级科目下面设置某某项目二级科目，再在其下设置建筑安装工程投资、设备投资、待摊投资、其他投资三级科目，再进一步按概算单项工程（堤防、道路、桥梁、穿堤防建筑物、管理房、金属结构设备、机电设备等）设置四级科目，不得按标段1、标段2简化核算。

（3）财务人员应建立合同执行情况的台账，及时了解合同履行情况。具体内容包括：合同名称、承包人、合同金额、签订时间、开工日期、履约保函金额、已预付工程款、累计已完成进度款、累计已支付工程款、本期应支付的工程进度款和实付款、本期末累计完成进度款、支付条件等。项目法人可根据实际制定合同支付情况统计表。

3.5.3 资金筹集

1. 政策依据

《基本建设财务规则》（财政部令第 81 号，2017 年财政部令第 90 号修改）；

《关于切实加强水利资金使用监督管理的意见》（财农〔2012〕22 号）；

《重大水利工程中央预算内投资专项管理办法》（发改农经规〔2019〕2028 号）。

2. 资金筹集原则及有关要求（表 3-33）

表 3-33 资金筹集原则及有关要求

序号	主要内容
一	原则
1	符合国家法律法规
2	根据经批准的项目概算筹集资金
3	根据项目建设需要，以最低成本筹集资金
4	落实地方配套资金、保证工程用款
二	资金筹集有关要求
1	项目建设单位在可研阶段就要明确项目资金来源，积极争取中央投资，及时足额落实到位地方建设资金，合理控制筹资成本。非经营性项目建设资金按照国家有关规定筹集；经营性项目在防范风险的前提下，可以多渠道筹集
2	水利建设工程核定为经营性项目的，项目法人单位应当按照国家有关固定资产投资项目资本管理的规定，筹集一定比例的非债务性资金作为项目资本。在项目建设期间，项目资本的投资者除依法转让、依法终止外，不得以任何方式抽走出资。经营性项目的投资者以实物、知识产权、土地使用权等非货币财产作价出资的，应当委托具有专业能力的资产评估机构依法评估作价

注意事项：

项目法人在年度投资计划下达后，应及时协调地方财政部门及时分解下达资金，避免出现地方资金预算下达不及时问题，同时积极落实地方资金，项目法人在资金筹集方面，需切实防范地方隐性债务，防止利用或虚构政府购买服务合同等方式为建设工程变相举债，项目法人不得以任何方式虚构或超越权限签订应付（收）账款合同帮助融资平台公司等融资。

3.5.4 资金管理

1. 政策依据

《基本建设财务规则》（财政部令第 81 号，2017 年财政部令第 90 号修改）；

《基本建设项目建设成本管理规定》（财建〔2016〕504 号）；

《关于切实加强水利资金使用监督管理的意见》（财农〔2012〕22 号）；

《人民币银行结算账户管理办法》（中国人民银行令〔2003〕第 5 号）；

《关于全面严肃财经纪律　严格中央部门预算管理的通知》（财预〔2016〕126 号）；

《中华人民共和国预算法实施条例》；

《安徽省省级统筹基建资金管理办法》（皖财建〔2019〕1557 号）；

《基本建设项目结余财政资金收回同级财政的通知》（财建（2015）707 号）；

《国务院办公厅关于清理规范工程建设领域保证金的通知》（国办发〔2016〕49 号；

《建设工程质量保证金管理办法》（建质〔2017〕138 号）；

《中华人民共和国招标投标法实施条例》（国务院令第 613 号，2019 年国务院令第 709 号修改）；

《关于进一步加强水利工程建设管理的通知》（皖水建设函〔2019〕435 号）。

2. 银行账户管理基本要求

一个预算单位只能开立一个基本存款账户；项目法人单位按照法律、法规、规章以及政府、财政部门文件规定，对基本建设特定用途资金需要专项管理和使用的，可以开立一个专用存款账户或临时存款账户。

注意事项：

项目法人单位必须按财政部门和人民银行规定的用途使用银行账户，不得多头开设银行账户和私设小金库，不得委托下属单位代存代管资金，不得将财政拨款转为定期存款、理财产品，不得以个人名义存放单位资金，不得出租、转让银行账户，不得为个人或其他单位提供信用。

3. 预算管理基本要求

项目法人根据下达的年度投资计划、批准的概（预）算、经济合同、项目进度，分年度编制工程项目预算和资金使用计划，并将该预算和资金使用计划控制在批准的概算总投资规模、范围和标准以内。涉及政府采购的，应当按照规定编制政府采购预算。

项目法人在编制年度项目预算时，应当分合同逐项进行编制，以便了解合同的动态执行情况。项目法人建设管理费也要纳入项目预算编制范围内。

注意事项：

项目预算管理对于项目法人适时掌握工程建设资金使用进度、尽早谋划和申报资金使用计划都具有重要意义。综合考虑基本建设项目财政资金按照预算法实施条例可以结转下一年使用和年度财政资金用款计划下达时间较为滞后等因素，项目法人应妥善把握项目预算和现有存量之间的关系，科学合理安排资金使用计划，保障工程建设顺利实施，避免财政资金超出时间被财政部门收回统筹。

4. 保证金（保函）管理基本要求

规范保证金管理：对建筑业企业在工程建设中需缴纳的保证金，除依法依规设立的投标保证金、履约保证金、工程质量保证金、农民工工资保证金外，其他保证金一律取消。未经国务院批准，各地区、各部门一律不得以任何形式在工程建设领域新设保证金项目。各类保证金管理主要内容见表 3-34。

表 3-34　各类保证金管理主要内容

<table>
<tr><th>序号</th><th>名称</th><th>主要内容</th><th>备注</th></tr>
<tr><td>1</td><td>履约保证金</td><td>中标单位签订合同前，必须按照有关规定缴纳履约保证金或有资质的商业银行出具的履约保函，经项目法人审核后生效，并由项目法人财务部门保管。中标单位在项目完工验收一年后，可提出履约保证金或保函退付申请，经项目法人批准后退付</td><td></td></tr>
<tr><td>2</td><td>工程质量保证金</td><td>项目法人可以与中标单位在合同中约定按照不超过工程价款结算总额的3%预留工程质量保证金，待工程交付使用缺陷责任期满后清算</td><td>资信好的中标单位可以用银行保函替代工程质量保证金，保函金额不得高于工程价款结算总额的3%</td></tr>
<tr><td>3</td><td colspan="3">在工程项目竣工前已经缴纳履约保证金或保函的，项目法人不得同时预留工程质量保证金。采用工程质量保证担保、工程质量保险等其他保证方式的，项目法人不得再预留工程质量保证金</td></tr>
<tr><td>4</td><td colspan="3">依法必须进行招标项目的境内投标单位，以现金或者支票形式提交的投标保证金应当从其基本账户转出</td></tr>
</table>

注意事项：

项目法人财务部门应建立保函保证金登记台账，妥善保管各类保函原件，保函、保证金的退回应履行必要的审批手续。对于在工程建设项目竣工验收前，履约保函约定的履约期限已到期的，中标单位应提供银行出具的续约保函，续约期限及其相关条款应满足项目法人的要求；对于中标单位无法提供续约保函的，项目法人可在中标单位价款结算时，扣留中标单位一定金额的质量保证金。工作中应避免出现违规预留保证金、未按规定预留保证金、在已缴纳履约保金（函）的情况下同时预留质量保证金等常见问题。

5. 结余资金管理基本要求

结余资金是指工程项目实际到位资金超出经竣工决算审计审定投资的部分。

结余资金须经竣工决算审计机构审计认定。结余资金管理主要内容见表 3-35。

表 3-35 结余资金管理主要内容

序号	名称	主要内容
1	经营性项目结余资金	转入单位的相关资产
2	非经营性项目结余资金	首先用于归还项目贷款，如归还项目贷款后仍有结余，按照项目资金来源属于财政资金的部分，应当在项目竣工验收合格后 3 个月内，按照预算管理制度有关规定收回财政
3	项目终止、报废或者未按照批准的建设内容建设形成的剩余建设资金中，按照项目实际资金来源比例确认的财政资金应当收回财政	
4	国库集中支付的结余资金	项目主管部门应在项目竣工后 3 个月内按规定申请预算调整，由同级财政部门发文收回结余的财政资金并相应调整部门预算指标和用款计划
5	非国库集中支付的结余资金	项目主管部门应在项目竣工后 3 个月内将结余的财政资金上交同级国库

注意事项：

审计审定的结余资金原则上不得动用，应按有关规定及时上交。项目法人在项目建设过程中，要加强工程建设资金过程管控，对工程部分资金预计有结余的，可根据工程实际需要，对工程管护、配套、影响处理、薄弱环节等工程设施进行完善设计，编制补充项目设计文本，由审计事务所出具工程结余资金报告，经原概算批准单位审核批准后实施补充项目工程；对征地拆迁部分资金预计有节余的，可用于改善拆迁范围内的生产生活条件，充分发挥资金效益。

3.5.5 资金使用

1. 政策依据

《基本建设项目建设成本管理规定》（财建〔2016〕504）；

《基本建设财务规则》（中华人民共和国财政部令第 81 号）；

《建设工程价款结算暂行办法》（财建〔2004〕369 号）。

2. 建设单位管理费

（1）建设单位管理费的使用范围

项目建设管理费是指项目建设单位从项目筹建之日起至办理竣工财务决算之日止发生的管理性质的支出。建设单位管理费使用规定及要求见表 3-36。

表 3-36 建设单位管理费使用规定及要求

序号	明细支出	相关规定及附件管理
1	不在原单位发工资的工作人员工资及相关费用	主要指外聘人员工资及相关费用等
2	办公费	办公用品、邮电费、印刷费、水电费、书报费、办公软件等
3	办公场地租用费	
4	差旅交通费	差旅交通住宿费用，按当地财政部门出台的最新差旅费管理办法执行
5	劳动保护费	工作服、劳保手套、安全帽、防暑降温物品等
6	工具用具使用费	不属于固定资产的工具用具购置、维修、摊销费
7	固定资产使用费	核算办公设备维修费、车辆燃油费、过路过桥费和维修保养费车辆的租金（需在公共平台定点租赁）等。核算其他投资中的自用固定资产每年提取的折旧费到固定资产使用费中
8	招募生产工人费	
9	技术图书资料费（含软件）	
10	业务招待费	一般不得发生业务招待费，确需列支的，项目业务招待费用支出应当严格按照国家有关规定执行
11	施工现场津贴	施工现场管理人员津贴标准比照当地财政部门制定的差旅费标准执行；必要时，报同级财政部门批准（此项支出各地根据地方政府有关管理规定执行）
12	会议费	
13	竣工验收费	验收资料费、验收会议费等
14	其他管理性质开支	

（2）项目建设单位管理费总额管理

项目建设单位应当严格执行《党政机关厉行节约反对浪费条例》，严格控制项目建设管理费。行政事业单位项目建设管理费实行总额控制，分年度据实列支。总额控制数以项目审批部门批准的项目总投资（经批准的动态投资，不含项目建设管理费）扣除土地征用、迁移补偿费等为取得或租用土地使用权而发生的费用为基数分档计算。具体计算方法见表 3-37。

表 3-37 项目建设管理费总额控制数费率表 单位：万元

工程总概算	费率（%）	工程总概算	项目建设管理费
1000 以下	2	1000	1000×2%=20
1001～5000	1.5	5000	20+（5000−1000）×1.5%=80
5001～10000	1.2	10000	80+（10000−5000）×1.2%=140
10001～50000	1	50000	140+（50000−10000）×1%=540

续表

工程总概算	费率（%）	工程总概算	项目建设管理费
50001～100000	0.8	100000	540＋（100000－50000）×0.8%＝940
100000 以上	0.4	200000	940＋（200000－100000）×0.4%＝1340

建设地点分散、点多面广、建设工期长以及使用新技术、新工艺等的项目，建设单位管理费确需超过上述开支标准的，中央级项目应当事前报项目主管部门审核批准，并报财政部备案，未经批准的超标准发生的建设项目管理费由项目建设单位用自有资金弥补；地方级项目，由同级财政部门确定审核批准的要求和程序。

使用财政资金的国有控股企业的项目建设管理费，比照上述规定执行。国有和国有控股企业经营性项目的项目资本中，财政资金所占比例未超过 50%的项目建设管理费可不执行上述规定。

（3）代建项目的建设单位管理费管理

政府设立（或授权）、政府招标产生的代建制项目，代建管理费由同级财政部门根据代建内容和要求，按照不高于《基本建设项目建设成本管理规定》项目建设管理费标准核定，计入项目建设成本。

实行代建制管理的制度，一般不得同时列支代建管理费和项目建设管理费，确需同时发生的，两项费用之和不得高于《基本建设项目建设成本管理规定》的项目建设管理费限额。

建设地点分散、点多面广以及使用新技术、新工艺等的项目，代建管理费确需超过《基本建设项目建设成本管理规定》的开支标准的，行政单位和使用财政资金建设的事业单位中央项目，应当事前报项目主管部门审核批准，并报财政部备案；地方项目，由同级财政部门确定审核批准的要求和程序。

代建管理费核定和支付应当与工程进度、建设质量结合，与代建内容、代建绩效挂钩，实行奖优罚劣。同时满足按时完成项目代建任务、工程质量优良、项目投资控制在批准概算总范围 3 个条件的，可以支付代建单位利润或奖励资金，代建单位利润或奖励资金一般不得超过代建管理费的 10%，需使用财政资金支付的，应当事前报同级财政部门审核批准；未完成代建任务的，应当扣减代建管理费。

（4）会议费和培训费管理

项目法人会议召开场所实行政府采购定点管理。会议期间，住宿以标准间为主，餐饮使用自助餐或工作餐，不得安排宴请，不得组织旅游以及与会议无关的参观活动，不得以任何名义发放纪念品。严禁违规使用会议费购置办公设备，严禁列支公务接待费等与会议无关的任何费用，严禁套取会议资金。

建立健全培训审批制度，严格控制培训数量、时间、规模，严禁以培训名义召开会议。

（5）业务招待费管理

项目法人业务招待费用的支出应当严格按照国家有关规定执行，并不得超过项目建设管理费的5%；报销时附接待公函、发票、菜单、接待审批单等。

（6）现场施工津贴管理

施工现场管理人员的津贴标准比照当地财政部门制定的差旅费标准执行；必要时，报同级财政部门批准。

（7）车辆燃油及使用费管理

车辆燃油及使用费按照当地财政部门制定的定点加油、定点维修、定点租车等管理规定执行。

注意事项：

工作中列支项目建设管理费手续和附件要齐全，避免出现业务招待费、人员工资、差旅费、培训费、会议费、车辆使用费等使用不规范，尤其是违规列支加班费、节假日补助、发放津贴补贴等问题。

3. 工程价款结算与支付管理

（1）工程价款结算的依据及形式

项目建设单位应当严格按照合同约定和工程价款结算程序支付工程款。

工程价款结算的主要依据：承包合同；招投标文件以及承诺书、谈判记录等；经批准实施的初步设计批复和施工图设计；设计变更通知等有效文件；其他与工程量及预算定额相关的文件、资料。

工程价款结算的主要形式有分次预付，完工一次性结算；定期按月结算；按工程形象进度结算；竣工一次性结算等。

（2）预付工程款的管理

预付工程款必须同时具备以下三个条件：建设工程、设备、材料采购合同已签订；施工或供货单位已向项目法人提供并经认可的预付款担保；施工单位开具的实际支付金额的收款收据。凡是没有签订合同或不具备施工条件的工程，发包人不得预付工程款，不得以预付款为名转移资金。

预付工程款应按合同中规定的支付比例、支付方式、抵扣时间办理；预付施工单位和供货单位的工程及设备款，应汇入合同指定的收款单位和开户银行，施工单位和供货单位更改账户的，必须出具单位证明，并经监理单位和项目法人同意。

注意事项：

包工包料工程的预付款按合同约定拨付，原则上预付比例不低于合同金额的10%，不高于合同金额的30%，对重大工程项目，按年度工程计划逐年预付。预付的工程款必须在合同中约定抵扣方式，并在工程进度款中进行抵扣。

4. 工程进度款的管理

(1) 工程进度款管理基本要求

项目建设单位应当严格按照合同约定和工程价款结算程序支付工程款。工程进度款应按合同和实际进度及时支付，施工单位要依据实际发生工程量积极申报工程进度款，项目法人、监理单位应及时审核后支付。

根据确定的工程计量结果，承包人向发包人提出支付工程进度款申请，14天内，发包人应按不低于工程价款的60%、不高于工程价款的90%及合同约定，向承包人支付工程进度款。

竣工价款结算一般应当在项目竣工验收后2个月内完成，大型项目一般不得超过3个月。

(2) 支付工程款审批程序和审批手续

工程价款应严格按照签订的合同进行结算，以一个合同项目为工程价款结算的基本单位，实行一个合同项目设置一个工程价款结算单的原则。工程价款结算项目与合同项目一一对应，合同以外的项目依据批复按合同变更处理。工程价款支付流程及相关要求见表3-38。

表3-38 工程价款支付流程及相关要求

相关单位	价款支付流程	相关附件
施工单位	按月上报已完工程进度款结算账单	施工单位工程款拨付申请、工程量计算单、计量签证、安全措施费发票图片清单、施工变更签证、合同协议、履约账号告知函、完工验收鉴定书、审计报告、质量回访单等
监理单位	对施工单位上报的已完工程进度款结算账单及时进行审核，送总监理工程师签字认可并报项目法人工程部门审核	在工程量计算单上手工确认审核后工程量、签发支付证书及明细支付证书
项目法人工程部门	工程部门对监理单位审核的已完工程进度款结算账单做进一步审核，并签发工程进度支付汇总表和资金拨付申请表，报项目法人代表审批	在相关支付证书和资金拨付申请表上签字盖章
项目负责人	开会集体研究决定是否支付或减少支付	在相关申请表上签字
项目法人财务部门	财务部门根据工程进度支付汇总表和资金拨付申请表做账务处理，反映当月投资完成数；根据资金拨付申请表和施工单位开具的实际支付金额税务发票，支付本期工程款	在相关申请表上签字盖章

注意事项：

实际工作中，避免出现工程进度款支付比例不合规、工程价款支付滞后、工程价款支付超前、工程价款结算单价或总价与合同不符等问题。

5. 建设成本管理

建设成本是指按照批准的建设内容由项目建设资金安排的各项支出，包括建筑安装工程投资支出、设备投资支出、待摊投资支出和其他投资支出。

（1）建筑安装工程投资支出是指项目建设单位按照批准的建设内容发生的建筑工程和安装工程的实际成本。其中不包括被安装设备本身的价值，以及按照合同规定支付给施工单位的预付备料款和预付工程款。

（2）设备投资支出是指项目建设单位按照批准的建设内容发生的各种设备的实际成本（不包括工程抵扣的增值税进项税额），包括需要安装设备、不需要安装设备和为生产准备的不够固定资产标准的工具、器具的实际成本。

（3）待摊投资支出是指项目建设单位按照批准的建设内容发生的，应当分摊计入相关资产价值的各项费用和税金支出。待摊投资支出主要内容见表 3-39。

表 3-39　待摊投资支出主要内容

序号	主要内容
1	勘察费、设计费、研究试验费、可行性研究费及项目其他前期费用
2	土地征用及迁移补偿费、土地复垦及补偿费、森林植被恢复及其他为取得或租用土地使用权而发生的费用
3	土地使用税、耕地占用税、契税、车船税、印花税及按规定缴纳的其他税费
4	项目建设管理费、代建管理费、临时设施费、监理费、招标投标费、社会中介机构审查费及其他管理性质的费用
5	项目建设期间发生的各类借款利息、债券利息、贷款评估费、国外借款手续费及承诺费、汇兑损益、债券发行费用及其他债务利息支出或融资费用
6	工程检测费、设备检验费、负荷联合试车费及其他检验检测费用
7	固定资产损失、器材处理亏损、设备盘亏及毁损、报废工程净损失及其他损失
8	系统集成等信息工程的费用支出
9	其他待摊投资性质支出

项目在建设期间的建设资金存款利息收入冲减债务利息支出，利息收入超过利息支出的部分，冲减待摊投资总支出。

项目单项工程报废净损失计入待摊投资支出。

单项工程报废应当经有关部门或专业机构鉴定。非经营性项目以及使用财政资金所占比例超过项目资本 50%的经营性项目，发生的单项工程报废经鉴定后，报项目竣工财务决算批复部门审核批准。

因设计单位、施工单位、供货单位等原因造成的单项工程报废损失，由责任单位承担。

（4）其他投资支出是指项目建设单位按照批准的建设内容发生的房屋购置支出，基本畜禽、林木等的购置、饲养、培育支出，办公生活用家具、器具购置支出，软件研发和不能计入设备投资的软件购置等支出。

注意事项：

不得挤占（挪用或滞留）建设资金。不得私设“小金库”。以下支出不得列入项目建设成本：超过批准建设内容发生的支出；不符合合同协议的支出；非法收费和摊派；无发票或者发票项目不全、无审批手续、无责任人员签字的支出；因设计单位、施工单位、供货单位等原因造成的工程报废等损失，以及未按照规定报经批准的损失；项目符合规定的验收条件之日起3个月后发生的支出；其他不属于本项目应当负担的支出。

6. 前期工作经费的管理

前期工作经费包括：可研设计费、水土保持方案编制费、环境影响评估报告编制费、勘测定界费、地质灾害评估费、永久征地组卷报批费、社会稳定风险分析报告编制费、移民征地方案编制费等。

财政资金用于项目前期工作经费部分，在项目批准建设后列入项目建设成本。列入建设成本时附发票复印件、转账记录复印件、报销签字复印件、合同等。

7. 基建收入的管理

基建收入是指在基本建设过程中形成的各项工程建设副产品变价收入、负荷试车和试运行收入以及其他收入。

工程建设副产品变价收入包括矿山建设中的矿产品收入，油气、油田钻井建设中的原油气收入，林业工程建设中的路影材收入，以及其他项目建设过程中产生或者伴生的副产品、试验产品的变价收入。

负荷试车和试运行收入包括水利、电力建设移交生产前的供水、供电、供热收入，原材料、机电轻纺、农林建设移交产生前的产品收入，交通临时运营收入等。

其他收入包括项目总体建设尚未完成或者移交生产，但其中部分工程简易投产而发生的经营性收入等。

符合验收条件而未按照规定及时办理竣工验收的经营性项目所实现的收入，不得作为项目基建收入管理。

项目所取得的基建收入扣除相关费用并依法纳税后，其净收入按照国家财务、会计制度的有关规定处理。

项目发生的各项索赔、违约金等收入，首先用于弥补工程损失，结余部分按照国家财务、会计制度的有关规定处理。

3.5.6 建设征地补偿和移民安置资金管理

征地移民安置工作实行政府领导、分级管理、以县为基础、项目法人参与的管理体制。项目法人在征地拆迁资金管理中应依据征地补偿和移民安置条例，及时筹集征地移民资金；按征地移民任务和投资包干协议、移民安置规划、征地拆迁进度等支付、结算征地移民资金；适时对征地拆迁安置机构的资金使用和管理情况实施监督。严格执行有关征地补偿和移民安置政策，按照批准的移民安置规划、设计概算、年度投资计划和基本建设程序管理的要求监督使用征地补偿和移民安置经费。

1. 政策依据

《大中型水利水电工程建设征地补偿和移民安置条例》（国务院令第471号，2017年国务院令第679号修改）。

2. 主要内容

征地补偿和移民安置资金包括土地补偿费，安置补助费，农村居民点迁建、城（集）镇迁建、工矿企业迁建以及专项设施迁建或者复建补偿费（含有关地上附着物补偿费），移民个人财产补偿费（含地上附着物和青苗补偿费）和搬迁费，库底清理费，淹没区文物保护费和国家规定的其他费用。

移民区和移民安置区县级以上地方人民政府负责移民安置规划的组织实施。

大中型水利水电工程开工前，项目法人应当根据经批准的移民安置规划，与移民区和移民安置区所在的省、自治区、直辖市人民政府，市、县人民政府签订移民安置包干协议，明确资金使用管理的具体要求和责任，维护群众的合法权益。明确征地补偿标准、范围、对象、方式等。

征地补偿和移民安置经费使用应实行实物量和补偿经费收支公示制度。

项目法人应加强征地补偿和移民安置经费使用管理情况的督查，对存在的突出问题及时提出整改意见，并报水利主管部门进行处理。

征地移民资金的支付应当实行监督评估。征地移民实施机构向项目法人提交书面用款申请，应有征地移民监督评估单位签署意见；支付给个人和集体的征地移民资金，应经征地移民监督评估单位复核并签署意见。

对于涉及文物古建筑的征迁，由于现行的相关规定中没有对文物古建筑征迁的补偿做出具体规定，可以按照《文物认定管理暂行办法》中的有关条款，由所有权人向县级以上地方文物行政部门申请文物认定，经认定后再按照《文物法》与文物管理部门共同协商办理。

建设项目用地应当依法办理审批手续，实行一次报批、分期征收。

征地补偿和移民安置验收应当按照水利部印发的《大中型水利水电工程移民安置验收管理暂行办法》（水移〔2012〕77号），验收分为工程阶段性移民安置验收和工程竣工移民安置验收。一般先由承担移民安置任务的县级人民政府负责自验，终验由移民安置主持单位进行全面检查和验收。验收前应当编制征地补偿移民安置财务决算，并通过政府审计。

3. 资金拨付及会计核算管理

项目法人应当根据移民安置年度计划，按照移民安置实施进度将征地补偿和移民安置资金支付给与其签订移民安置协议的地方人民政府。征地补偿和移民安置资金支付主要内容和要求见表 3-40。

表 3-40　征地补偿和移民安置资金支付主要内容和要求

序号	类型	主要内容和要求
1	农村移民在本县通过新开发土地或者调剂土地集中安置	县级人民政府应当将土地补偿费、安置补助费和集体财产补偿费直接全额兑付给该村集体经济组织或者村民委员会
2	农村移民分散安置到本县内其他村集体经济组织或者村民委员会	应当由移民安置村集体经济组织或者村民委员会与县级人民政府签订协议，按照协议安排移民的生产和生活
3	农村移民在本省行政区域内其他县安置	与项目法人签订移民安置协议的地方人民政府，应当及时将相应的征地补偿和移民安置资金交给移民安置区县级人民政府，用于安排移民的生产和生活
4	农村移民跨省安置	项目法人应当及时将相应的征地补偿和移民安置资金交给移民安置区省、自治区、直辖市人民政府，用于安排移民的生产和生活

搬迁费以及移民个人房屋和附属建筑物、个人所有的零星树木、青苗、农副业设施等个人财产补偿费，由移民区县级人民政府直接全额兑付给移民。

征地补偿和移民安置资金应当专户存储、专款专用、专账核算管理，严格按照批准的项目、内容、标准使用。

4. 结余的征地补偿和移民安置资金处理

结余的征地补偿和移民安置资金处理应当按照移民安置协议约定，继续用于该地其他水利建设项目征地补偿和移民安置工作。

注意事项：

征地移民补偿资金存储期间的利息还用于征地补偿和移民安置，不得用于其他用途。征地补偿资金不得以拨代支。

3.5.7　农民工工资管理

全面实行农民工实名制管理制度。施工总承包企业和分包企业应将经农民工本人签字确认的工资支付书面记录保存两年以上备查。完善工资保证金制度，建立健全农民工工资（劳务费）专用账户管理制度，在工程建设领域实行人工费用与其他工程款分账管理制度，农民工工资（劳务费）专用账户应向人力资源社会保障部门和交通、水利等工程建设项目主管部门备案，并委托开户银行负责日常监管，确保专款专用。

1. 政策依据

《保障农民工工资支付条例》（国务院令第724号）；

住房城乡建设部 人力资源社会保障部《关于印发建筑工人实名制管理办法（试行）的通知》（建市〔2019〕18号）；

《国务院办公厅关于全面治理拖欠农民工工资问题的意见》（国办发〔2016〕1号）；

《工程建设领域农民工工资专用账户管理暂行办法》（人社部发〔2021〕53号）；

《工程建设领域农民工工资保证金规定》（人社部发〔2021〕65号）；

《关于进一步完善工程建设领域农民工工资保证金制度的通知》（皖人社秘〔2019〕12号）。

2. 用工管理

农民工用工管理主要要求见表3-41。

表3-41 农民工用工管理主要要求

序号	情形	主要要求
1	劳动合同管理	总承包单位应与现场实际工作的所有农民工签订合同，并办理劳动用工备案
2	农民工实名制管理	总承包单位和分包单位应做到农民工实名制管理100%，建立用工管理台账，记录身份信息、劳动考勤、工资支付等信息
3	施工现场维权信息公示制度	施工总承包企业负责在施工现场醒目位置设立维权信息告示牌，明示业主单位、施工总承包企业及所在项目部、分包企业、行业监管部门等基本信息；明示劳动用工相关法律法规、当地最低工资标准、工资支付日期等信息；明示属地行业监管部门投诉举报电话和劳动争议调解仲裁、劳动保障监察投诉举报电话等信息，实现所有施工场地全覆盖

3. 工资支付

农民工工资支付主要要求见表3-42。

表3-42 农民工工资支付主要要求

序号	情形	主要要求
1	农民工工资支付形式	应当以货币形式，通过银行存款或者现金支付给农民工本人，不得以实物或者有价证券等其他形式代替
2	农民工工资支付周期	按月足额支付给农民工本人，严禁将工资发放给不具备用工主体资格的组织和个人。任何单位和个人不得拖欠农民工工资

续表

序号	情形	主要要求
3	工资保证金制度	施工总承包单位应当按照有关规定存储工资保证金，专项用于支付为所承包工程提供劳动的农民工被拖欠的工资
4	农民工工资专用账户	施工总承包单位应当按照有关规定在工程所在地银行开设农民工工资专用账户，专项用于支付该工程建设项目农民工工资。农民工工资专用账户应由建设单位、施工总承包单位、设立专户的银行共同监管，报工程所在地人力资源和社会保障部门备案。开户银行负责日常监管，确保专款专用
5	农民工工资代发制度	推行分包单位农民工工资委托施工总承包单位代发制度。分包单位应当按月考核农民工工作量并编制工资支付表，经农民工本人签字确认后，与当月工程进度等情况一并交施工总承包单位。施工总承包单位根据分包单位编制的工资支付表，通过农民工工资专用账户直接将工资支付到农民工本人的银行账户，并向分包单位提供代发工资凭证。用于支付农民工工资的银行账户所绑定的农民工本人社会保障卡或者银行卡，用人单位或者其他人员不得以任何理由扣押或者变相扣押

4. 工程人工费用拨付

建设单位应当向施工企业提供工程款支付担保（是指为保证项目法人履行工程合同约定的工程款支付义务，由担保人为项目法人向承包商提供的，保证支付工程款的担保）。建设单位与施工总承包单位依法订立书面工程施工合同，应当约定工程款计量周期、工程款进度结算办法以及人工费用拨付周期，并按照保障农民工工资按时足额支付的要求约定人工费用。人工费用拨付周期不得超过1个月。

5. 对拖欠农民工工资的处理

对拖欠农民工工资处理要求见表3-43。

表3-43 对拖欠农民工工资处理要求

序号	情形	主要要求
1	因建设单位未按照合同约定及时拨付工程款导致农民工工资拖欠	建设单位应当以未结清的工程款为限先行垫付被拖欠的农民工工资
2	施工总承包单位拖欠农民工工资	由建设单位上报项目所在地人力资源社会保障行政部门和相关行业工程建设主管部门，申请从其存入的农民工工资保证金中支付
3	分包单位拖欠农民工工资	由施工总承包单位先行清偿，再依法进行追偿
4	工程建设项目转包而拖欠农民工工资	由施工总承包单位先行清偿，再依法进行追偿

6. 农民工工资支付保障管理

项目法人作为项目主体，应按照有关规定，对农民工工资是否足额支付到位负有保障职责。项目法人的农民工工资支付保障职责见表3-44。

表3-44 项目法人的农民工工资支付保障职责

阶段	职责	具体要求
招标阶段	设置农民工工资支付保障相应条款	1. 根据有关监督部门的规定，要求投标人在投标时或承诺在中标后缴纳农民工工资保证金； 2. 要求施工总承包单位在工程施工合同签订之日起30日内开立专用账户，并与项目法人、开户银行签订资金管理三方协议； 3. 在合同条款中约定工程款计量周期、工程款进度结算办法以及人工费用拨付周期，并按照保障农民工工资按时足额支付的要求约定人工费用，人工费用拨付周期不得超过1个月，人工费用直接拨付至农民工工资专用账户
工程实施阶段	支付约定的人工费用	按照合同条款约定向农民工工资专用账户拨付人工费用
	监督施工单位农民工工资支付情况	1. 督促项目施工总承包单位按照规定足额缴存农民工工资保证金、开设专用账户； 2. 督促施工总承包单位或者分包单位依法与所招用的农民工订立劳动合同并进行用工实名登记，并通过相应的管理服务信息平台进行用工实名登记、管理（如具备条件），未与施工总承包单位或者分包单位订立劳动合同并进行用工实名登记的人员，不得进入项目现场施工（不包括短期临时用工）； 3. 督促施工总承包单位按标准在施工现场设立维权信息告示牌的情况； 4. 施工总承包单位或者分包单位对于项目法人发现的问题不予整改的，项目法人应及时报告项目所在地人力资源社会保障行政部门和相关行业工程建设主管部门
	建立保障和处理机制	项目法人应当以项目为单位建立保障农民工工资支付协调机制和工资拖欠预防机制，督促施工总承包单位加强劳动用工管理，妥善处理与农民工工资支付相关的矛盾纠纷。发生农民工集体讨薪事件的，项目法人应当会同施工总承包单位及时处理，并向项目所在地人力资源社会保障行政部门和相关行业工程建设主管部门报告有关情况

注意事项：

项目法人应在工程项目招标采购时将投标人被列入拖欠农民工工资黑名单作为否决投标的条款，并在评审时在“信用中国”网站进行查询确认。

3.5.8 竣工财务决算管理

1. 政策依据

水利部《水利基本建设项目竣工财务决算编制规程》(SL 19—2014)；

财政部《基本建设项目竣工财务决算管理暂行办法》(财建〔2016〕503号);

《水利工程建设项目验收管理规定》(水利部令第30号，2017年水利部令第49号修改)。

2. 竣工财务决算编制的责任主体

工程类项目的责任主体为项目法人，非工程类项目的责任主体为项目责任单位。建设项目实行代建制的，竣工财务决算依据建设管理合同约定由代建单位编制，项目法人仍是第一责任人。项目投资计划（预算）分别下达至两个或两个以上项目法人实施的，应由项目法人分别编制竣工财务决算。

竣工财务决算批复之前，项目法人已经撤销的，撤销该项目法人的单位应指定有关单位承接相关的责任。

3. 竣工财务决算编制规程

(1) 建设项目竣工验收前，应当编制竣工财务决算。竣工财务决算按照水利部《水利基本建设项目竣工财务决算编制规程》(SL 19—2014) 和财政部《基本建设项目竣工财务决算管理暂行办法》(财建〔2016〕503号) 等进行编制与上报，竣工财务决算应当控制在批准的初步设计概算范围内。竣工财务决算必须按国家《会计档案管理办法》的要求整理归档，并永久保存。

项目法人应对竣工财务决算的真实性、完整性负责。项目法人主要负责人对竣工财务决算的编制工作负总责。项目法人应组织财务计划统计、工程技术和物资等部门人员组成专门班子共同完成此项工作。项目法人可委托具有相关资质和相应专业人员的社会中介机构或有能力的单位承担竣工财务决算编制工作。设计、监理、施工、征地拆迁和移民安置等单位应积极配合项目法人做好编制工作。

(2) 在编制基本建设项目竣工财务决算前，项目法人要认真做好各项清理工作。清理工作主要包括基本建设项目档案资料的归集整理、账务处理、财产物资的盘点核实及债权债务的清偿，做到账账、账证、账实、账表相符。各种材料、设备、工具、器具等，要逐项盘点核实、填列清单，妥善保管，或按照国家规定进行处理，不准任意侵占、挪用。

(3) 在编制项目竣工财务决算时，项目法人应当按照规定将待摊投资支出按合理比例分摊计入交付使用资产价值、转出投资价值和待核销基建支出。

(4) 项目一般不得预留尾工工程，确需预留尾工工程的，大中型工程项目未完工程投资及预留费用控制在总概算的3%以内、小型工程控制在5%以内。非工程类项目除预留与项目验收有关的费用外，不得预留其他费用。项目法人要抓紧实施项目尾工工程，加强对尾工工程资金使用的监督管理。

(5) 项目隶属关系发生变化时，应当按照规定及时办理财务关系划转，主要包括各项资金来源、已交付使用资产、在建工程、结余资金、各项债权及债务等的清理交接。

（6）竣工财务决算在提交竣工决算审计前应报上级水利主管部门进行技术性审查。竣工决算审计后，项目法人应依据审计报告（审计决定）对竣工财务决算进行调整，并按规定逐级上报主持验收的水利主管部门和财政部门。

（7）编制期限：大中型工程类项目应在满足编制条件后3个月内完成、小型工程类项目为1个月内完成。如有特殊情况无法在规定期限内完成的，应说明理由和延期时间，报经竣工验收主持单位同意。

基本建设项目竣工财务决算大中小型划分标准：经营性项目投资额在5000万元（含5000万元）以上、非经营性项目投资额在3000万元（含3000万元）以上的为大中型项目，其他项目为小型项目。

（9）基本建设项目竣工财务决算的内容主要包括两个部分：基本建设项目竣工财务决算报表、竣工财务决算说明书。

（10）建设项目包括两个或两个以上独立概算的单项工程的单项工程竣工并交付使用时，应编制单项工程竣工财务决算。建设项目是大中型项目而单项工程是小型的应按大中型项目编制内容编制单项工程竣工财务决算。整个建设项目全部竣工后，还应汇总编制该项目的竣工财务决算。

（11）建设项目符合国家规定的竣工验收条件，若尚有少量未完工程及竣工验收等费用，可预计纳入竣工财务决算。大中型工程项目其未完工程投资及预留费用控制在总概算的3%以内、小型工程控制在5%以内。非工程类项目除预留与项目验收有关的费用外，不得预留其他费用。

（12）竣工财务决算按单位和项目投资总额实行授权审批。超出财政部授权限额的项目，竣工财务决算经水利部审核后报财政部审批；授权限额以内的项目，竣工财务决算由水利部或授权部门直属单位审批。

（13）竣工财务决算编制完成后，项目法人应在15个工作日内向竣工验收主持单位申请竣工财务决算审查。项目法人按照审查意见完成整改落实后，应及时向竣工验收主持单位申请竣工决算审计。决算审查和审计可视情况结合进行。

（14）竣工决算审查的重点：概（预）算执行、资金到位与使用、设计变更和动用预备费、未完工程投资和预留费用的安排等。

（15）竣工财务决算经审计并完成整改落实后，项目法人应及时向竣工验收主持单位申请竣工验收。项目法人应根据竣工验收意见对竣工财务决算进行调整。

（16）工程类项目竣工验收完成后30个工作日内、非工程类项目审查验收完成后15个工作日内，项目法人应将竣工财务决算上报至上级单位，各单位应按财务隶属关系在收到竣工财务决算10个工作日内转报上级单位。

注意事项：

实际工作中应避免出现编制竣工财务决算不具备条件，其编制内容不完整、编制不及时、计列的未完工程投资及预留费用比例超出规定、未按规定核销基建支出、未按规定处理转出投资、未及时清理应收应付等往来款项、竣工财务决算未进行审计、项目竣工验收合格后未及时办理资产交付使用手续等问题。

3.5.9　固定资产采购及移交管理

（1）项目法人在建设期间采购自用的一般商品和服务项目时，应按同级政府的规定实行政府采购。

（2）应加强自用固定资产的日常管理，统一采购，专人管理，定期清查核实。

（3）建设期间形成的具有独立使用价值、不宜分割的单件物体或单件工具，应作为一个交付使用的资产进行核算入账。资产建成后，应按规定通过验收、档案整理、办理决算和资产产权证明后，再由项目法人及时移交管理单位。

（4）项目完工形成的资产移交应当编制固定资产移交清单，按照有关规定办理移交工作。

3.5.10　资产交付管理

（1）应按《国有建设单位会计制度》（财会字〔1995〕45号）对基本建设资金进行会计核算，单位取得的各项收入均应纳入单位财务部门统一管理，严禁私设“小金库”和账外设账。

（2）项目法人应严格执行《现金管理暂行条例》，加强现金监管，严禁用大额现金结算工程价款，严禁将单位收入的现金以个人名义存入银行，严禁违规编造用途套取现金。

（3）水利建设资金应在国有或国有控股银行开立账户，实行专户存储。一个项目法人只能开设一个基本建设资金专用存款账户，银行账户开设及变更应经上级主管部门审查同意后，报同级财政部门办理批准手续。

（4）应建立健全内部控制制度，加强与货币资金相关的票据管理。坚持会计出纳分设、票据印鉴分管制，单位不得由一人办理货币资金业务的全过程。

（5）应加强建设期自用固定资产的采购管理，严格按照批准概（预）算标准购置，优先选择政府定点采购单位，成批采购事项应附询价及比选意见，并与供应方签订经济合同，属政府采购范围的物品应按政府采购要求办理。

（6）工程完工后，项目法人应在工程竣工验收后，按照规范要求及时与管理单位办理资产移交手续，移交的资产包括固定资产、流动资产、无形资产等。

（7）非经营性项目发生的江河清障疏浚、航道整治、飞播造林、退耕还林（草）、封山（沙）育林（草）、水土保持、城市绿化、毁损道路修复、护坡及清理等不能形成资产的支出，以及项目未被批准、项目取消和项目报废前已发生的支出，作为待核销基建支出处理；形成资产产权归属本单位的，计入交付使用资产价值；形成资产产权不归属本单位的，作为转出投资处理。

（8）非经营性质发生的农村沼气工程、农村安全饮水工程、农村危房改造工程、游牧民定居工程、渔民上岸工程等涉及家庭或者个人的支出，形成资产产权归属家庭或者个人的，作为待核销基建支出处理；形成资产产权归属本单位的，计入交付使用资产价值；形成资产产权归属其他单位的，作为转出投资处理。

（9）非经营性项目为项目配套建设的专用设施，包括专用道路、专用通信设施、专用电力设施、地下管道等。产权归属本单位的，计入交付使用资产价值；产权不归属本单位的，作为转出投资处理。

（10）非经营性项目移民安置补偿中由项目法人负责建设并形成的实物资产，产权归属集体或者单位的，作为转出投资处理；产权归属移民的，作为待核销基建支出处理。

3.6 合同管理

建设项目合同管理的概念有微观与宏观之分。微观的建设项目合同管理是指对项目合同的编制、签订、实施、变更、索赔和终止的管理活动；宏观的建设项目合同管理是指以完成项目建设为目标，以合同关系为纽带，以合同约定为依据，进行计划、组织、协调、控制、决策、整合、配置社会资源的管理活动。本节主要对合同制度、拟订、实施、后评价等提出意见和要求。

3.6.1 水利建设工程合同

1. 政策依据

《中华人民共和国民法典》；

《水利工程建设项目法人管理指导意见》（水建设〔2020〕258号）。

2. 主要内容

依法对工程项目的勘察、设计、监理、施工、咨询和材料、设备等组织招标或采购，签订并严格履行有关合同。

注意事项：

（1）以招标方式确定的各项合同，属要约邀请合同，项目法人在合同订立前期对其内容及相关条款进行市场调查了解，结合本工程实际情况，设立招标条件。作为要约邀请，通过公开招标方式，选定中标人。

（2）建设工程合同主要包括工程勘察、设计、监理、施工合同。随着管理体制与制度的不断完善，大中型水利工程在建设过程中，合同对象还有设备采购、全过程质量检测、跟踪审计、水保方案编制、环境影响评价报告、水保监测、环境监测、移民征地拆迁等服务性合同。

（3）项目法人应在工程建设前期制定合同管理制度，制度中应明确合同管理部门，体现合同草拟办法、合同审批程序、合同交底、合同履约及后评价等相关内容。

3.6.2 合同拟订

1. 政策依据

《中华人民共和国民法典》；

《水利工程建设监理规定》（水利部令第28号发布，第49号修改）；

《关于印发〈标准设备采购招标文件〉等五个标准招标文件的通知》（发改法规〔2017〕1606号）；

《水利工程建设安全生产管理规定》（水利部令第26号发布，第49号修改）。

2. 主要内容

施工合同的内容一般包括工程范围、建设工期、中间交工工程的开工和竣工时间、工程质量、工程造价、技术资料交付时间、材料和设备供应责任、拨款和结算、竣工验收、质量保修范围和质量保证期、相互协作等条款。

《标准文件》中的“投标人须知”（投标人须知前附表和其他附表除外）、“评标办法”（评标办法前附表除外）、“通用合同条款”，应当不加修改地引用。

“专用合同条款”可对“通用合同条款”进行补充、细化，但除“通用合同条款”明确规定可以做出不同约定外，“专用合同条款”补充和细化的内容不得与“通用合同条款”相抵触，否则抵触内容无效。

通过公开招标的合同，应根据招标文件约定，在中标公示后尽快办理履约保证金或履约保函，并于1个月内完成合同的签订，及时向招标监管部门做好招标及合同备案。未按招标约定办理履约保证金或保函的，其合同无效。

注意事项：

水利建设工程合同拟订应结合招标文件制定过程开展，合同中的相关条款应与招标文件条款保持一致。在拟订过程中，应注意：

（1）尽量采用合同示范文本。

（2）在拟订合同文本的内容时，合同管理人员必须对工程现状进行深入调研，使拟订的合同条款具有预见性、客观公平，且要对合同进行细致分析，避免所拟订的条款出现歧义。

（3）施工合同签订时应注意：工程合同条款与招标文件相一致，应将工程范围、建设工期、开工和完工时间、工程量计量规则、工程质量、安全生产措施费标准、工程造价、工程变更办法、档案管理、材料和设备供应责任、工程保险、进度款支付和结算、主要管理人员履约、农民工工资保障、验收、质量保修范围和质量保证期等条款逐一明确。

建设工程合同拟订时应注意条款见表 3-45。

表 3-45 建设工程合同拟订时应注意条款

合同名称	条款制定
勘测、设计合同	应考虑到设计成果因其他原因无法继续开展，其费用的计算方法及结算办法
施工合同	①明确防汛期间双方责任以及不可抗力因素的确定；②明确变更范围、内容、程序及估价原则；③汛前、下闸蓄水、机组安装验收等关键节点及任务安排；④需购买工程保险项目；⑤水保及环保实施内容占比主体工程量较小的，可在主体工程合同中同步招标实施
监理合同	①施工招标之前开展监理招标；②水保及环保实施内容占比主体工程量较小的，可在施工监理合同中同步招标实施

3.6.3 合同实施

1. 政策依据

《水利部关于印发〈水利工程建设质量与安全生产监督检查办法（试行）〉和〈水利工程合同监督检查办法（试行）〉两个办法的通知》（水监督〔2019〕139 号）；

《水利工程建设项目招标投标管理规定》（中华人民共和国水利部令第 14 号）；

《水利工程建设项目法人管理指导意见》（水建设〔2020〕258 号）。

2. 主要内容

项目法人合同管理主要职责见表 3-46。

表 3-46 项目法人合同管理主要职责

序号	主要职责
1	按照有关规定负责合同的订立
2	行使合同权利，履行合同义务
3	对委托订立合同的履行情况进行检查
4	组织合同完成情况验收
5	国家法律法规规定的合同管理事项
6	配合开展相关监督检查，及时组织问题整改并落实责任追究

项目法人应加强对勘察、设计、施工、监理、监测、咨询、质量检测和材料、设备制造供应等参建单位的合同履约管理。要以工程质量和安全为核心，定期检查以下内容，见表 3-47。

表 3-47 项目法人对各参建单位重点检查内容

参建单位	重点检查内容
各参建单位	管理和作业人员按照合同到位情况，防范转包、违法分包行为；严格按照合同组织进行进度、质量和安全管理，确保按初步设计、技术标准和施工图纸要求实施工程建设

续表

参建单位	重点检查内容
勘察、设计单位	设计成果是否满足要求、设计现场服务是否到位、设计变更是否符合程序等
监理单位	监理制度是否健全，监理人员到位是否符合合同要求，监理平行检测、专项施工方案审核、关键部位旁站监督等监理职责履行是否到位等
施工单位	加强工程施工过程关键环节的监督检查，重点检查现场质量安全管理是否符合设计和强制性标准要求、是否严格按照技术标准和施工图纸施工、是否及时规范开展工程质量检验和验收、是否及时足额发放劳务工资等
质量检测单位	是否按合同要求建立工地现场实验室，人员资格和检测能力情况，质量检测相关标准执行情况，是否存在转包、违法分包检测业务等
监测单位	安全监测管理制度的制定和人员配备情况、监测系统运行情况、监测资料整编分析情况、监测系统管理保障情况等

代建、项目管理总承包、全过程咨询单位应依据合同约定，协助项目法人开展对其他参建单位的合同履约管理，项目法人应定期对其履约行为开展检查。

注意事项：

（1）合同签订后及时告知招标代理单位或招标组织部门5日内退还投标保证金。

（2）项目法人应对合同履行过程中所涉及的相关科室部门进行交底，明确其工作范围和责任，通过合同任务的层层分解，将任务落实到人。

（3）项目法人应定期对参建单位的合同履约情况进行监督检查，及时纠正违约行为。

（4）项目法人可根据《水利部关于印发〈水利工程建设质量与安全生产监督检查办法（试行）〉和〈水利工程合同监督检查办法（试行）〉两个办法的通知》（水监督〔2019〕139号）文件中《项目法人（建设单位）及运行管理单位合同问题分类》，对合同实施各阶段组织自查工作，完善相关资料。

3.6.4 合同后评价

1. 政策依据

《国家发展改革委关于印发中央政府投资项目后评价管理办法和中央政府投资项目后评价报告编制大纲（试行）的通知》（发改投资〔2014〕2129号）。

2. 主要内容

合同执行与管理：

（1）项目合同清单（包括正式合同及其附件并进行合同的分类、分级）。

（2）主要合同的执行情况。

（3）合同重大变更、违约情况及原因。

（4）合同管理的评价。

注意事项：

合同双方履约完成后，应组织开展合同管理后评价工作，对合同各条款的履行情况做出客观合理的评价分析，从中找出差异和干扰因素并分析其原因，总结合同履行与管理的经验与教训，提出建议及意见，以便在后续招标及合同拟订中及时修订完善，为工程建设顺利实施打下基础。

3.7 专项管理

水利工程建设项目专项管理主要包括工程水土保持、环境保护、档案、征地移民、消防设施等，是水利工程建设的重要组成部分。专项验收是竣工验收的前提条件。

3.7.1 水土保持

本节主要依据《中华人民共和国水土保持法》等法律法规的规定，对水土保持组织实施、变更管理、监测、监理、补偿费、自主验收等提出意见和要求。

1. 水土保持组织及制度

（1）政策依据

《关于印发生产建设项目水土保持问题分类和责任追究标准的通知》（办水保函〔2020〕564号）；

《水利部办公厅关于印发生产建设项目水土保持监督管理办法的通知》（办水保〔2019〕172号）；

《水利部办公厅关于加强水利建设项目水土保持工作的通知》（办水保〔2021〕143号）；

《水利部关于进一步深化“放管服”改革　全面加强水土保持监管的意见》（水保〔2019〕160号）。

（2）主要内容

① 生产建设单位和个人是人为水土流失防治的责任主体，水土保持技术服务单位和施工单位分别对其技术成果、工程施工过程和质量负责并承担相应责任。

② 生产建设单位应当依据批准的水土保持方案与主体工程同步开展水土保持初步设计和施工图设计，按程序与主体工程设计一并报经有关部门审核，作为水土保持措施实施的依据。

③ 项目开工后，应将水土保持工作纳入整个工程管理体系当中，明确水土保持

工作机构，落实水土保持工作管理人员，制定水土保持管理制度，主动加强与水土保持方案批复机构（或监督管理机构）和项目所在地水行政主管部门的联系和沟通。

④ 水土保持方案批复中的水土保持设施，应当与主体工程同时设计、同时施工、同时投产使用；生产建设项目竣工验收，应当验收水土保持设施；水土保持设施未经验收或者验收不合格的，生产建设项目不得投产使用。

⑤ 生产建设单位应当加强对施工单位的管理，在招投标文件和施工合同中明确施工单位的水土保持责任，强化奖惩制度，规范施工行为。

⑥ 移民安置工程实施部门是水土流失防治责任主体之一，项目法人与移民安置工程实施部门之间要明确移民安置水土保持责任和要求。

2. 水土保持方案的变更管理

（1）政策依据

《水利部关于进一步深化“放管服”改革　全面加强水土保持监管的意见》（水保〔2019〕160号）；

《水利部办公厅关于印发〈水利部生产建设项目水土保持方案变更管理规定（试行）〉的通知》（办水保〔2016〕65号）。

（2）主要内容

水土保持方案的变更管理及审批见表3-48。

表3-48　水土保持方案的变更管理及审批

<table>
<tr><th colspan="2">变更情形</th><th>审批</th></tr>
<tr><td rowspan="6">水土保持方案经批准后，生产建设项目地点、规模发生重大变化</td><td>涉及国家级和省级水土流失重点预防区或者重点治理区的</td><td rowspan="6">生产建设单位应当补充或者修改水土保持方案，报水利部审批</td></tr>
<tr><td>水土流失防治责任范围增加30%以上的</td></tr>
<tr><td>开挖填筑土石方总量增加30%以上的</td></tr>
<tr><td>线型工程山区、丘陵区部分横向位移超过300米的长度累计达到该部分线路长度的20%以上的</td></tr>
<tr><td>施工道路或者伴行道路等长度增加20%以上的</td></tr>
<tr><td>桥梁改路堤或者隧道改路堑累计长度20公里以上的</td></tr>
<tr><td rowspan="3">水土保持方案实施过程中，水土保持措施发生重大变更</td><td>表土剥离量减少30%以上的</td><td rowspan="3">生产建设单位应当补充或者修改水土保持方案，报水利部审批</td></tr>
<tr><td>植物措施总面积减少30%以上的</td></tr>
<tr><td>水土保持重要单位工程措施体系发生变化，可能导致水土保持功能显著降低或丧失的</td></tr>
<tr><td colspan="2">水土保持方案确定的废弃砂、石、土、矸石、尾矿、废渣等专门存放地（以下简称弃渣场）外新设弃渣场的，或者需要提高弃渣场堆渣量达到20%以上的</td><td>生产建设单位应当在弃渣前编制水土保持方案（弃渣场补充）报告书，报水利部审批</td></tr>
</table>

确需在批准的水土保持方案确定的专门存放地外新设弃渣场的，生产建设单位可在征得所在地县级水行政主管部门同意后先行使用，同步做好防护措施，保证不产生水土流失危害，并及时向原审批部门办理变更审批手续。

注意事项：

以上变更主要是水利部审批的生产建设项目水土保持方案的变更管理，县级以上地方人民政府水行政主管部门审批的生产建设项目水土保持方案的变更管理可参照执行。

3. 水土保持监测

（1）政策依据

《水利部办公厅关于进一步加强生产建设项目水土保持监测工作的通知》（办水保〔2020〕161号）；

《水利部关于进一步深化“放管服”改革　全面加强水土保持监管的意见》（水保〔2019〕160号）；

《水利部办公厅关于进一步优化开发区内生产建设项目水土保持管理工作的意见》（办水保〔2020〕235号）。

（2）监测工作开展

开展生产建设项目水土保持监测，是生产建设单位应当履行的一项法定义务，是生产建设单位及时定量掌握水土流失及防治状况、对项目建设造成的水土流失进行过程控制的重要基础，也是各流域管理机构和地方各级水行政主管部门开展生产建设项目水土保持跟踪检查、验收核查等监管工作的依据和支撑。

鼓励开发区管理机构对开发区或开发区一定区域统一开展水土保持监测。开发区管理机构统一开展水土保持监测的，其监测成果可供区域内项目共享使用，区域内应当开展水土保持监测的项目可不再单独开展。

水土保持监测工作主要内容见表3-49。

表3-49　水土保持监测工作主要内容

序号	主要内容
一	一般规定
1	对编制水土保持方案报告书的水利工程建设项目，应当自行或者委托具备相应技术条件的机构开展水土保持监测工作
2	监测单位应当在每季度第一个月向审批水土保持方案的水行政主管部门（或者其他审批机关的同级水行政主管部门）报送上一季度的监测季报，并对水利工程建设项目水土流失防治情况进行评价，在监测季报和总结报告中明确“绿黄红”三色评价结论

续表

序号	主要内容
3	监测成果应当公开，应当在工程建设期间将水土保持监测季报在其官方网站公开，同时在业主项目部和施工项目部公开
二	其他要求
1	鼓励开发区管理机构对开发区或开发区一定区域统一开展水土保持监测
2	开发区管理机构统一开展水土保持监测的，其监测成果可供区域内实行承诺制管理的生产建设项目共享使用，区域内应当开展水土保持监测的项目可不再单独开展

4. 水土保持监理

（1）政策依据

《水利工程建设监理规定》（水利部令第 28 号发布，第 49 号修改）；

《水利部关于进一步深化“放管服”改革　全面加强水土保持监管的意见》（水保〔2019〕160 号）。

（2）工作要求

水土保持监理主要内容和要求见表 3-50。

表 3-50　水土保持监理主要内容和要求

序号	主要内容
一	一般规定
1	凡主体工程开展监理工作的项目，应当按照水土保持监理标准和规范开展水土保持工程施工监理
2	征占地面积在 20 公顷以上或者挖填土石方总量在 20 万立方米以上的项目，应当配备具有水土保持专业监理资格的工程师
3	征占地面积在 200 公顷以上或者挖填土石方总量在 200 万立方米以上的项目，应当由具有水土保持工程施工监理专业资质的单位承担监理任务
二	其他要求
	监理单位应根据国家建设监理的有关规定和技术规范、批准的水土保持方案及工程设计文件，对水土保持工程进行质量、进度和投资控制，提出质量评定意见

5. 水土保持补偿费

（1）政策依据

《关于印发〈安徽省水土保持补偿费征收使用管理实施办法〉的通知》（财综〔2014〕328 号）；

《关于我省水土保持补偿费收费标准的通知》（皖价费〔2014〕160 号）；

《转发〈国家发展改革委　财政部关于降低电信网码号资源占用费等部分行政事业性收费标准的通知〉》（皖价费〔2017〕77 号）；

《关于全省开发区水土保持区域评估工作的指导意见》(皖建审改组〔2021〕1号);

《关于印发〈水土保持补偿费征收使用管理办法〉的通知》(财综〔2014〕8号);

《关于降低部分收费标准的通知》(皖发改价费函〔2022〕127号);

《关于明确水土保持补偿费阶段性收费执行事项的通知》(皖水保函〔2022〕189号)。

(2)补偿费缴纳

水土保持补偿费缴纳主要内容和要求见表3-51。

表3-51　水土保持补偿费缴纳主要内容和要求

序号	主要内容	
一	一般规定	
1	在项目开工前，应依法一次性向项目所在地税务部门自行申报、缴纳水土保持补偿费	
2	按次缴纳的	开办一般性水利工程建设项目的在项目开工前、开采矿产资源处于建设期的在建设活动开始前，缴费人按水行政主管部门审核确定的应征费额自行申报缴纳
3	按期缴纳的	在项目投产后，由缴费人按照法定的计费依据、征收标准等确定应缴费额，缴费人按季自行申报缴纳，缴纳期限为季度终了后15日内
4	从事其他水利工程建设活动的	缴纳水土保持补偿费的时限由县(市、区)水行政主管部门确定
二	其他要求	
1	开发区内由开发区管理机构负责统一实施的公共基础设施，其水土保持补偿费由开发区管理机构在开工前一次性缴纳	
2	入驻开发区的水利工程建设项目，水土保持补偿费需按照项目征占地面积在开工前一次性缴纳	

6. 水土保持设施自主验收

(1)政策依据

《水电工程水土保持设施验收规程》(NB/T 35119—2018);

《水利部关于进一步深化“放管服”改革全面加强水土保持监管的意见》(水保〔2019〕160号);

《水利部办公厅关于印发生产建设项目水土保持监督管理办法的通知》(办水保〔2019〕172号);

《安徽省水利厅关于贯彻水利部加强事中事后监管规范生产建设项目水土保持设施自主验收通知的实施意见》(皖水保函〔2018〕569号);

《水利部办公厅关于进一步优化开发区内生产建设项目水土保持管理工作的

意见》(办水保〔2020〕235号)。

(2)验收程序

水土保持验收程序和要求见表3-52。

表3-52 水土保持验收程序和要求

序号	主要内容	
一	一般规定	
1	水利工程建设项目竣工验收，应当验收水土保持设施，由建设单位自主开展。	
二	组织开展水土保持设施竣工验收	
1	开发区外编制水土保持方案报告书的	应组织第三方机构编制水土保持设施验收报告，组织开展水土保持设施验收工作，形成水土保持设施验收鉴定书，明确水土保持设施验收结论
2	开发区外编制水土保持方案报告表和开发区内的	不需要编制水土保持设施验收报告，在组织开展水土保持设施竣工验收时，验收组中应当有至少一名省级水行政主管部门水土保持方案专家库专家参加并签署意见
三	公开验收情况	
1	应当在水土保持设施验收合格后及时公示水土保持设施验收材料，公示时间不得少于20个工作日。对于公众反映的主要问题和意见，应及时给予处理或者回应	
2	开发区外编制水土保持方案报告书的	验收材料包括水土保持设施验收鉴定书、水土保持设施验收报告和水土保持监测总结报告
3	开发区外编制水土保持方案报告表和开发区内的水利工程建设项目	验收材料为水土保持设施验收鉴定书
四	报备验收材料	
	应当在水土保持设施验收通过3个月内向审批水土保持方案的水行政主管部门或者水土保持方案审批机关的同级水行政主管部门(下放审批权限的项目为下放后具有审批权限的审批机关)报备水土保持设施验收材料	

注意事项：

(1)水土保持设施验收合格后，方可通过竣工验收和投产使用。水土保持设施未经验收或者验收不合格的，不得投产使用。

(2)所称第三方机构，是指具有独立承担民事责任能力且具有相应水土保持技术条件的企业法人、事业单位法人或其他组织。

(3)工程建设过程中存在水土保持“未批先建”“未批先变”“未实施防治措施”“未开展监测”“未验先投”“未缴纳补偿费”等视为违法违规行为。

3.7.2 环境保护

项目法人是落实建设项目环境保护责任的主体。项目法人在建设项目开工前和发生重大变动前，必须依法取得环境影响评价审批文件。建设项目实施过程中应严格落实经批准的环境影响评价文件及其批复文件提出的各项环境保护要求，确保环境保护设施正常运行。建设产生污染的工程建设项目必须遵守污染物排放的国家标准和地方标准；在实施重点污染物排放总量控制的区域内，还必须符合重点污染物排放总量控制的要求。本节主要依据《中华人民共和国环境保护法》等法律法规的规定，就环境影响评价的变更、“三同时”制度、施工环保监理制度、环境保护设施建设、竣工环境保护监测与验收、后评价等提出意见和要求。

1. 环境影响评价的变更

（1）政策依据

《建设项目环境保护管理条例》（国务院令第 253 号发布，2017 年修订）。

（2）环境影响报告变更

环境影响报告变更及审批见表 3-53。

表 3-53　环境影响报告变更及审批

序号	变更情形	审批
1	建设项目环境影响报告书、环境影响报告表经批准后，建设项目的性质、规模、地点、采用的生产工艺或者防治污染、防止生态破坏的措施发生重大变动的	建设单位应当重新报批建设项目环境影响报告书、环境影响报告表
2	建设项目环境影响报告书、环境影响报告表自批准之日起满 5 年，建设项目方开工建设的	环境影响报告书、环境影响报告表应当报原审批部门重新审核

2. 环境保护“三同时”制度

（1）政策依据

《中华人民共和国环境保护法》（2014 年修订）；

《关于生态环境领域进一步深化“放管服”改革，推动经济高质量发展的指导意见》（环规财〔2018〕86 号）；

《关于进一步完善建设项目环境保护“三同时”及竣工环境保护自主验收监管工作机制的意见》（环执法〔2021〕70 号）；

《环境保护部关于印发〈建设项目环境保护事中事后监督管理办法（试行）〉的通知环发〔2015〕163 号》；

《建设项目环境保护管理条例》（国务院令第 253 号发布，2017 年修订）。

（2）主要内容

建设项目中防治污染的设施，应当与主体工程同时设计、同时施工、同时投产使用。防治污染的设施应当符合经批准的环境影响评价文件的要求，不得擅自拆除或者闲置。

建设单位应当在建设项目开工前向环境保护督查中心和地方各级环境保护行政主管部门书面报告开工建设情况，并定期书面报告“三同时”执行情况。

设区的市级生态环境部门职责要求采取“双随机、一公开”方式，全面加强对市域内所有列入环境影响评价分类管理名录建设项目“三同时”及自主验收监管，加大监督检查和处理处罚力度，确保生态环境保护设施与主体工程同时设计、同时施工、同时投产使用，生态环境保护各项措施严格落实，建设单位自主验收工作合法合规。

3. 环境保护设施建设

（1）政策依据

《建设项目环境保护管理条例》（国务院令第253号发布，2017年修订）。

（2）主要内容

建设项目需要配套建设的环境保护设施，必须与主体工程同时设计、同时施工、同时投产使用。

环境保护设施建设的主要内容和要求见表3-54。

表3-54　环境保护设施建设的主要内容和要求

序号	主要内容和要求
1	建设项目的初步设计，应当按照环境保护设计规范的要求，编制环境保护篇章，落实防治环境污染和生态破坏的措施以及环境保护设施投资概算
2	建设单位应当将环境保护设施建设纳入施工合同，保证环境保护设施建设进度和资金，并在项目建设过程中同时组织实施环境影响报告书、环境影响报告表及其审批部门审批决定中提出的环境保护对策措施
3	建设项目的主体工程完工后，需要进行试生产的，其配套建设的环境保护设施必须与主体工程同时投入试运行
4	建设项目试生产期间，建设单位应当对环境保护设施运行情况和建设项目对环境的影响进行监测
5	环境保护设施竣工验收，应当与主体工程竣工验收同时进行。需要进行试生产的建设项目，建设单位应当自建设项目投入试生产之日起3个月内，向审批该建设项目环境影响报告书、环境影响报告表或者环境影响登记表的环境保护行政主管部门，申请该建设项目需要配套建设的环境保护设施竣工验收
6	分期建设、分期投入生产或者使用的建设项目，其相应的环境保护设施应当分期验收

4. 竣工环境保护监测与验收

（1）政策依据

《建设项目环境保护管理条例》（国务院令第253号发布，2017年修订）；

《国家环保总局关于建设项目环境保护设施竣工验收监测管理有关问题的通知》（环发〔2000〕38号）；

《关于印发〈环境保护部建设项目“三同时”监督检查和竣工环保验收管理规程（试行）〉的通知》（环发〔2009〕150号）；

《关于印发〈建设项目竣工环境保护验收暂行办法〉的公告》（环发国环规环评〔2017〕4号）；

《关于强化建设项目环境影响评价事中事后监管的实施意见》（环环评〔2018〕11号）。

（2）主要内容

竣工环境保护监测与验收主要内容和要求见表3-55。

表3-55　竣工环境保护监测与验收主要内容和要求

<table>
<tr><th>序号</th><th colspan="2">主要内容</th></tr>
<tr><td>一</td><td colspan="2">一般规定</td></tr>
<tr><td>1</td><td colspan="2">编制环境影响报告书、环境影响报告表的建设项目竣工后，建设单位应对配套建设的环境保护设施进行验收，编制验收报告</td></tr>
<tr><td>2</td><td colspan="2">编制环境影响报告书、环境影响报告表的建设项目，其配套建设的环境保护设施经验收合格，其主体工程方可投入生产或者使用；未经验收或者验收不合格的，不得投入生产或者使用</td></tr>
<tr><td>二</td><td colspan="2">验收调查（监测）</td></tr>
<tr><td>1</td><td colspan="2">应编制环境保护设施竣工验收调查报告的建设项目，应先编制验收调查方案，验收调查报告合格后实施</td></tr>
<tr><td>2</td><td colspan="2">分期建设、分期投入生产或者使用的建设项目，其相应的环境保护设施应当分期验收</td></tr>
<tr><td>3</td><td>建设项目竣工后</td><td>应当如实查验、监测、记载建设项目环境保护设施的建设和调试情况，编制验收监测（调查）报告。建设单位不具备编制验收监测（调查）报告能力的，可以委托有能力的技术机构编制</td></tr>
<tr><td>4</td><td>验收监测（调查）报告编制完成后</td><td>建设项目配套建设的环境保护设施经验收合格后，方可投入生产或者使用；未经验收或者验收不合格的，不得投入生产或者使用</td></tr>
</table>

注意事项：

（1）水利水电工程建设项目，按照《水利水电建设项目竣工环境保护验收技术规范》编制验收监测报告或验收调查报告。

（2）建设单位对受委托的技术机构编制的验收监测（调查）报告结论负责。

（3）验收监测（调查）报告编制完成后，应当根据验收监测（调查）报告结论，提出验收意见。对存在问题的，及时进行整改，整改完成后方可提出验收意见。

5. 环境影响后评价

（1）政策依据

《建设项目环境影响后评价管理办法（试行）》（2016年1月1日施行）；

《关于强化建设项目环境影响评价事中事后监管的实施意见》（环环评〔2018〕11号）；

《安徽省生态环境厅关于印发〈安徽省建设项目环境保护事中事后监督管理办法〉的通知》（皖环发〔2021〕70号）。

（2）主要内容

① 环境影响后评价是指编制环境影响报告书的建设项目在通过环境保护设施竣工验收且稳定运行一定时期后，对其实际产生的环境影响以及污染防治、生态保护和风险防范措施的有效性进行跟踪监测和验证评价，并提出补救方案或者改进措施，提高环境影响评价有效性的方法与制度。

② 实际环境影响程度和范围较大，且主要环境影响在项目建成运行一定时期后逐步显现的建设项目，以及其他行业中穿越重要生态环境敏感区的水利水电建设项目，应当开展环境影响后评价。

③ 依法应当开展环境影响后评价的建设项目，应及时组织开展环境影响后评价工作，编制环境影响后评价文件，对其实际产生的环境影响以及污染防治、生态保护和风险防范措施的有效性进行跟踪监测和验证评价，提出补救方案或者改进措施，对环境影响后评价结论负责。

④ 纳入排污许可管理的建设项目，排污许可证执行报告、台账记录和自行监测等情况应作为环境影响后评价的重要依据。

⑤ 可委托环境影响评价机构、工程设计单位、大专院校和相关评估机构等编制环境影响后评价文件。编制建设项目环境影响报告书的环境影响评价机构，原则上不得承担该建设项目环境影响后评价文件的编制工作。

⑥ 应将环境影响后评价文件报原审批环境影响报告书的环境保护主管部门备案，并接受环境保护主管部门的监督检查。

⑦ 建设项目环境影响后评价应当在建设项目正式投入生产或者运营后三至五年内开展。

⑧ 可对单个建设项目进行环境影响后评价，也可以对在同一行政区域、流域内存在叠加、累积环境影响的多个建设项目开展环境影响后评价。

3.7.3 档案

水利工程建设项目档案是指水利工程建设项目在前期、实施、竣工验收等各阶段过程中形成的，具有保存价值并经过整理归档的文字、图表、音像、实物等形式的水利工程建设项目文件，是水利工程建设管理工作的重要组成部分。项目法人必须将其融入建设管理全过程，纳入建设计划、质量保证体系、项目管理程序、合同管理和岗位责任制，与建设管理同步实施，所需经费列入工程投资。项目法人对项目档案工作负总责，实行统一管理、统一制度、统一标准，强化项目文件过程管控，配备项目档案工作所需人员、设施设备等，确保项目档案完整、准确、系统、规范和安全。本节主要依据《中华人民共和国档案法》《建设项目档案管理规范》《水利工程建设项目档案管理规定》等档案法律规定就档案管理提出意见和要求。

1. 档案工作组织体系

项目法人对项目档案工作负总责，实行统一管理、统一制度、统一标准；业务上接受档案主管部门和上级主管部门的监督检查和指导。工作中要明确档案工作的分管领导，设立或明确与工程建设管理相适应的档案管理机构。

建立由档案管理机构牵头、工程建设管理相关部门和参建单位参与、权责清晰的项目档案管理工作网络。项目法人与参建单位应配备满足工作需要的档案管理人员，在工程建设期间不得随意更换，确需变动的，必须对其负责的项目文件办理交接手续。档案管理人员应具备档案专业知识和技能，掌握一定的工程管理和水利工程技术专业知识，经过项目档案管理业务培训。

注意事项：

在建设初期成立以项目法人为主要负责人、各参建单位的主要技术人员、档案管理人员组成的工程档案管理领导小组，建立、健全档案管理网络，落实专职档案管理人员，明确科室与人员的相应职责，进行专业培训，使工程档案管理工作规范有序。

各有关单位（包括项目法人，设备供应、施工、监理、勘察、设计等单位）必须有一位负责人分管档案工作。大、中型建设项目，特别是国家和部省级的重点工程，项目法人在建设初期就必须设立档案室，落实档案专职人员，负责集中统一管理有关工程建设的全部档案资料，并对有关业务部门档案资料的整理工作进行指导。

2. 档案工作制度

（1）政策依据

《政府投资条例》；

《建设项目档案管理规范》（DA/T 28—2018）；

《水利工程建设项目档案管理规定》（水办〔2021〕200号）。

（2）主要内容

项目建设单位应当按照国家有关规定加强政府投资项目档案管理，将项目审批和实施过程中形成的应归档文件按时归档，并做好档案管理工作。

项目档案管理工作应纳入项目建设管理，与项目建设计划和各项程序同步进行，实行全员管理、全过程管理、全方位管理。

项目法人机构组建完成后，应及时制定项目档案工作制度和项目文件管理制度，在实施过程中及时调整、补充和完善。

项目开工前，建设单位应编制项目文件管理规范，经建设单位有关职能部门、质量监督单位及设计、施工、监理单位专家评审通过后由建设单位签署发布。

建设单位应制定项目档案管理办法、项目文件形成和归档的控制措施，及项目档案的保管、保密、利用等制度，并根据国家或行业的项目档案规定制定项目档案分类方案、归档范围、项目档案整理细则等技术规范。

制定项目文件管理制度规范，应包括项目文件管理流程、文件格式、编号、归档要求等，竣工图的编制单位、编制要求、审查流程和责任等，照片和音视频文件摄录的责任主体、阶段、节点、部位、内容、技术参数、归档要求等。制定项目档案管理制度规范，应包括档案管理办法、档案分类大纲及方案、项目文件归档范围和档案保管期限表、档案整编细则等。

建设单位档案管理机构应建立项目档案出入库登记制度，对项目档案的收进和移出进行登记。

注意事项：

建立健全档案管理制度，主要包括《档案管理制度》《档案工作制度》《档案工作人员职责》《档案保密制度》《档案利用制度》《档案管理登记制度》等相关制度。同时制订档案整理方案，详细拟订分类、组卷方案以及各参建单位的文件归类范围与保管期限表。

3. 项目文件管理

项目文件内容必须真实、准确，与工程实际相符；格式应规范、内容准确、文字清晰、页面整洁、编号规范、签字及盖章完备，满足耐久性要求。

水利工程建设项目重要活动及事件，原始地形地貌，工程形象进度，隐蔽工程，关键节点工序，重要部位，地质，施工及设备缺陷处理，工程质量或安全事故，重要芯样，工程验收等，必须形成照片和音视频文件。

竣工图应完整、准确、规范、清晰、修改到位，真实反映项目竣工时的实际情况。竣工图应依据工程技术规范按单位工程、分部工程、专业编制，并配有竣工图编制说明和图纸目录。竣工图编制完成后，监理单位对竣工图编制的完整、准确、系统和规范情况进行审核。

项目法人负责组织或委托有资质的单位编制工程总平面图和综合管线竣工图。

项目文件整理应遵循项目文件的形成规律和成套性特点，按照形成阶段、专业、内容等特征进行分类。

项目法人应按职责分工对归档文件进行质量审查，对审查发现的问题，各单位及时整改，合格后方可归档。

注意事项：

项目法人负责组织、协调、督促和指导勘察单位、设计单位、施工单位和监理单位编制项目竣工文件，整理项目文件。

水利项目档案工作的进程与工程建设进程同步。从立项开始就应进行文件材料的收集、积累和整理；签订勘察、设计、施工、监理等协议（合同）时，要对水利工程档案（包括施工图）的质量、份数和移交工作提出明确要求；检查工程进度与施工质量时，要同时检查水利项目档案的收集整理情况；进行单元与分部工程质量等级评定和工程验收（包括单位工程验收和阶段工程验收）时，要同时验收应归档文件材料的完整程度与整体质量，并在验收后及时整理归档。整个项目的归档工作，应在竣工验收后3个月内完成（项目尾工的归档工作应在尾工完成后的1个月内完成）。

在项目设计、施工与监理的合同和协议中设立专门条款，明确规定有关单位提交相应项目文件的套数、费用、时间，以及相应所承担的提交的文件的管理、归档责任。

4. 项目档案管理

建设单位应当为项目档案的安全保管提供满足工作需要的设施设备。

建设单位应建立档案利用制度，对利用的范围、对象、利用审批权限等做出规定。

项目法人档案管理机构应建立项目档案管理卷，包括项目概况、管理办法、分类方案、整理细则、归档范围和保管期限表、标段划分、参建单位归档情况、档案收集整理情况、交接清册等。

建设单位档案管理机构应对项目档案情况进行统计并建立统计台账，主要包括各类档案案卷的数量、档案利用情况等。按时向上级主管部门报送《水利工程建设项目档案管理登记表》(《水利工程建设项目档案管理规定》附件3)。

项目法人应按照国家有关规定及《电子文件归档与电子档案管理规范》(GB/T 18894）等标准规范开展电子文件归档与电子档案管理工作，完善管理制度，配备软硬件设施，建立电子档案管理系统。项目法人应按《纸质档案数字化技术规范》（DA/T 31—2017）开展纸质载体档案数字化工作，数字化范围根据工程建设实际情况并参照《建设项目档案管理规范》（DA/T 28—2018）有关规定确定。委托第三方进行数字化时，委托单位应与数字化加工单位签订保密协议，确保档案信息安全。

项目电子文件的归档范围，由项目法人根据纸质文件归档范围，结合项目实际情况确定。

5. 档案专项验收

(1) 政策依据

《水利工程建设项目档案验收管理办法》(水办〔2008〕366号);

《水利工程建设项目档案管理规定》(水办〔2021〕200号);

《水利工程建设项目验收管理规定》(水利部令第30号)。

(2) 主要内容

建设单位应当严格按照国家有关档案管理的规定,及时收集、整理建设项目各环节的文件资料,建立、健全建设项目档案,并在建设工程竣工验收后半年内,向运行管理单位或者其他有关单位办理档案移交。

水利工程建设项目档案专项验收由各级水行政主管部门组织。项目法人在确认已达到申请档案验收应具备的条件后,应早于工程计划竣工验收的3个月前,向项目竣工验收主持单位提出档案验收申请。档案验收申请应包括项目法人开展档案自检工作的情况说明、自检得分数、自检结论等内容,并将项目法人的档案自检工作报告和监理单位专项审核报告附后。

对档案验收意见中提出的问题和整改要求,项目法人应在工程竣工验收前完成相关整改工作,并在提出竣工验收申请时,将整改情况一并报送竣工验收主持单位。

注意事项:

(1) 水利基本建设项目在各阶段工程质量评定和竣工时,水利项目档案(特别是竣工图)达不到规定要求的,在规定期限内未完成项目档案归档任务和项目档案未通过专项验收的基本建设工程项目,不得被评为优质工程。

(2) 严抓档案管理工作质量。水利工程档案的质量是衡量水利工程质量的重要依据,应将其纳入工程质量管理程序。凡参建单位未按规定要求提交工程档案的,不得通过验收或进行质量等级评定。工程档案达不到规定要求的,不得返还其工程质量保证金。

3.7.4 征地移民

水利工程建设征地移民涉及面广、关系复杂、影响因素多,征地移民工作直接关系着征地移民群众的切身利益及移民安置区的社会稳定和经济发展,直接影响着党和政府同人民群众的关系,做好征地移民工作是水利工程建设的重要组成部分。

1. 政策依据

《中华人民共和国土地管理法》;

《大中型水利水电工程建设征地补偿和移民安置条例》(国务院令第679号);

关于做好《国务院关于修改〈大中型水利水电工程建设征地补偿和移民安置

条例〉的决定》贯彻落实工作的通知（办移民〔2017〕79号）；

《建设用地审查报批管理办法》（国土资源部令第69号）；

关于印发《大中型水利水电工程移民安置前期工作管理暂行办法》的通知（水规计〔2010〕33号）；

《水利部关于印发大中型水利水电工程移民安置前期工作管理暂行办法修订意见的通知》（水规计〔2019〕425号）；

《国家档案局、水利部、国家能源局关于印发〈水利水电工程移民档案管理办法〉的通知》（档发〔2012〕4号）；

《关于印发〈大中型水利水电工程移民安置验收管理暂行办法〉的通知》（水移〔2012〕77号）。

2. 项目法人的主要职责（表3-56）

表3-56　项目法人征地移民方面主要职责

序号	主要职责
1	委托有资质的设计单位进行征地补偿和移民安置的前期规划设计工作
2	负责组织编制移民安置规划大纲，按审批权限报省级人民政府或国务院移民管理机构审批
3	负责根据经批准的移民安置规划大纲组织编制移民安置规划，按照审批权限报省级人民政府移民管理机构或国务院移民管理机构审核后，与可行性研究报告或项目申请报告一并报项目审批或核准部门审批或核准
4	根据批准的移民安置规划，与有关地方人民政府或其移民管理机构签订移民安置任务及补偿投资拨付协议
5	参与移民安置实施的有关工作
6	根据工程建设进度提出年度移民安置计划建议，协同签订移民安置协议的地方人民政府或移民管理机构编制移民安置实施年度计划和资金使用年度计划，按年度计划和移民安置进度足额拨付移民资金
7	与省级移民管理机构共同委托开展移民安置全过程监督评估工作
8	依据批准的移民安置规划及有关设计文件，按照国家有关建设征地报批程序，办理建设征地的相关手续，缴纳相关税费
9	配合国家和省级有关部门对移民资金的使用进行检查和审计
10	参与移民安置实施结果的检查验收

注意事项：

（1）工程开工前，项目法人根据经审批的移民安置规划（或工程初步设计，下同），与移民区和移民安置区的地方人民政府共同签订征地移民安置任务及投资“双包干”协议。

（2）项目法人应当根据工程建设进度要求、移民安置规划和移民安置实施方案，向与其签订“双包干”协议的地方人民政府提出下年度移民安置任务和资金计划建议；签订“双包干”协议的地方人民政府应当在与项目法人充分协商的基础上，于当年年底前编制完成下年度移民安置年度计划。

(3) 签订“双包干”协议的双方，应严格执行移民安置规划大纲、移民安置规划和年度计划，遵守协议确定的责任和义务。县级人民政府负责本区域的移民安置工作，是移民安置进度和质量的责任主体；项目法人、监督评估单位、设计单位应做好相关协调和配合工作，项目主管部门对移民安置工作实行监督管理。

(4) 项目法人应当根据移民安置规划和年度计划，按照移民安置实施进度将征地补偿和移民安置资金支付给与其签订“双包干”协议的地方人民政府。

(5) 签订“双包干”协议的地方人民政府和项目法人应当采取招标的方式，共同委托有资质的监督评估单位，对移民安置进度、移民安置质量、移民资金的拨付和使用情况以及移民生产生活水平的恢复情况进行监督评估。

(6) 经批准的移民安置规划和年度计划，不得擅自增减、调整规模、标准或变更设计。在项目实施中，确需进行调整或者修改的，可由县级人民政府和项目法人委托设计单位提出专题报告，经移民监督评估单位签署意见后，按规定重新报批。因擅自提高补偿标准、改变移民安置方式、扩大复建工程规模造成移民安置投资增加的费用，由有关县级人民政府自行解决。

(7) 大中型水利水电工程征地移民安置完成后，按国家及安徽省的有关规定，将由省移民主管部门组织征地移民安置验收。

(8) 移民安置验收前，项目法人应当会同与其签订移民安置协议的地方人民政府编制移民安置验收工作计划。移民安置验收工作计划应当对移民安置自验和初验工作做出安排，对移民安置终验工作提出建议。项目法人参加移民安置自验，会同地方人民政府组织移民安置初验，参加移民安置终验，并编制项目法人移民安置管理工作报告。

3.7.5 消防设施

1. 政策依据

《中华人民共和国建筑法》；

《中华人民共和国消防法》；

《建设工程质量管理条例》；

《建设工程消防设计审查验收管理暂行规定》(住房城乡建设部令第51号)；

《建筑工程施工许可管理办法》(住房城乡建设部令第18号)；

《安徽省建设工程消防设计审查验收实施办法》(建标〔2020〕61号)。

2. 总体要求

(1) 特殊建设工程，指符合《建设工程消防设计审查验收管理暂行规定》第十四条规定的新建、改建、扩建建设工程，实行消防设计审查、消防验收。

（2）特殊建设工程以外的其他建设工程，实行消防验收备案、抽查制度。

注意事项：

水利项目消防设施基本属于其他建设工程范畴，开工前不需要申请建筑类施工许可，可以将消防设施（仅有消防设备采购的除外）作为一个分部工程纳入整体项目进行建设管理。

4 验收及后评价

验收是工程建设管理过程中的重要环节，是项目法人的重要工作之一，政府和相关部门印发了一系列的相关规范文件，加强水利水电工程验收管理，使验收工作制度化、规范化，以保证工程验收质量。本章主要介绍项目法人在水利水电工程验收中的主要工作和职责。

水利工程建设项目验收，按验收主持单位的性质不同分为法人验收和政府验收两类。法人验收是指在项目建设过程中由项目法人组织进行的验收；政府验收是指由有关人民政府水行政主管部门或者其他有关部门组织进行的验收。按工程建设过程分为分部工程验收、单位工程验收、阶段验收、合同完工验收、专项验收、竣工验收等，其中法人验收应包括分部工程验收、单位工程验收、水电站（泵站）中间机组启动验收、合同工程完工验收等；政府验收应包括阶段验收［枢纽工程导（截）流验收、水库下闸蓄水验收、引（调）排水工程通水验收、水电站（泵站）首（末）台机组启动验收、部分工程投入使用验收以及竣工验收主持单位根据工程建设需要增加的其他验收］、专项验收、竣工验收等。

4.1 工程验收

4.1.1 政策文件

《水利水电建设工程验收规程》（SL 223—2008）；

《水利水电工程施工质量检验与评定规程》（SL 176—2007）；

《水利工程建设项目验收管理规定》（2006 年 12 月 18 日水利部令第 30 号，2017 年 12 月 22 日水利部令第 49 号修改）；

《水利工程建设项目管理规定（试行）》（水建〔1995〕128 号，2014 年修正、2016 年修正）；

《水利工程建设程序管理暂行规定》（水利部 1998 年 1 月 7 日水建〔1998〕16 号，2014 年修正，2016 年修正，2017 年修正，2019 年修正）；

《安徽省大中型水利水电工程移民安置验收管理办法》（皖水移〔2020〕6 号）；

《水利工程建设项目档案管理规定》（水办〔2021〕200 号）。

4.1.2 法人验收工作要点（表 4-1）

表 4-1 法人验收工作要点

验收名称	验收工作组组成	验收条件	验收内容	验收程序	备注
重要隐蔽单元工程及关键部位单元工程	由项目法人（或委托监理）、监理、设计、施工、工程运行管理（施工阶段已经有时）等组成联合小组	单元工程施工完成，资料齐全，施工单位自评合格	共同核定其质量等级；核查施工资料是否真实、齐全、完整；对照设计及技术要求，结合检测材料复核；检查已完成单元遗留问题处理情况，对验收中发现的问题提出处理意见	核定质量等级、填写签证表、报质量监督机构审核备案	应在验收前通知工程质量监督机构
分部工程验收	项目法人、勘测、设计、监理、施工、主要设备制造（供应）商等单位的代表，运行管理单位可根据具体情况决定是否参加	1. 所有单元工程已完成； 2. 已完成单元工程施工质量经评定全部合格，有关质量缺陷已处理完毕或有监理机构批准的处理意见； 3. 合同约定的其他条件。 施工单位在自检合格后应向项目法人提交验收申请报告，项目法人应在收到验收申请报告之日起 10 个工作日内决定是否同意进行验收	1. 检查工程是否达到设计标准或合同约定标准的要求； 2. 评定工程施工质量等级； 3. 对验收中发现的问题提出处理意见	1. 听取施工单位工程建设和单元工程质量评定情况的汇报； 2. 现场检查工程完成情况和工程质量； 3. 检查单元工程质量评定及相关档案资料； 4. 讨论并通过分部工程验收鉴定书。 项目法人应在分部工程验收通过之日后 10 个工作日内，将验收质量结论和相关资料报质量监督机构核备（核定）	1. 大型工程分部工程验收工作组成员应具有中级及其以上技术职称或相应执业资格，其他工程的验收工作组成员应具有相应的专业知识或执业资格； 2. 大型枢纽工程主要建筑物的分部工程验收应通知质量监督机构派代表列席验收会议； 3. 大型枢纽工程主要建筑物分部工程的验收质量结论应报质量监督机构核定； 4. 当质量监督机构对验收质量结论有异议时，项目法人应组织参加验收单位进一步研究，并将研究意见报质量监督机构。当双方对质量结论仍然有分歧意见时，应报上一级质量监督机构协调解决

续表

验收名称	验收工作组组成	验收条件	验收内容	验收程序	备注
工程外观质量评定	项目法人组织监理、设计、施工及工程运行管理单位组成评定组	单位工程完工后	现场检查、检测、判定对照《水利水电工程外观质量评定办法》标准确定等级	评定外观质量等级、填写评定表、报质量监督机构核定	评定组人数应不少于5人，大型工程不宜少于7人
单位工程验收	由项目法人、勘测、设计、监理、施工、主要设备制造（供应）商、运行管理等单位的代表组成。必要时，可邀请上述单位以外的专家参加	1. 所有分部工程已完成并验收合格； 2. 分部工程验收遗留问题已处理完毕并通过验收，未处理的遗留问题不影响单位工程质量评定并有处理意见； 3. 合同约定的其他条件。 施工单位在自检合格后应向项目法人提交验收申请报告，项目法人应在收到验收申请报告之日起10个工作日内决定是否同意进行验收。 如需要单位工程投入使用，还应对工程是否具备安全运行条件进行检查	1. 检查工程是否按批准的设计内容完成； 2. 评定工程施工质量等级； 3. 检查分部工程验收遗留问题处理情况及相关记录； 4. 对验收中发现的问题提出处理意见	1. 听取工程参建单位工程建设有关情况的汇报； 2. 现场检查工程完成情况和工程质量； 3. 检查分部工程验收有关文件及相关档案资料； 4. 讨论并通过单位工程验收鉴定书。 项目法人应在单位工程验收通过之日起10个工作日内，将验收质量结论和相关资料报质量监督机构核定，质量监督机构应在收到验收质量结论之日起20个工作日内，将核定意见反馈项目法人	1. 单位工程验收工作组成员应具有中级及其以上技术职称或相应执业资格，每个单位代表人数不宜超过3名。 2. 项目法人组织单位工程验收时，应提前通知质量和安全监督机构。主要建筑物单位工程验收应通知法人验收监督管理机关。法人验收监督管理机关可视情况决定是否列席验收会议，质量和安全监督机构应派员列席验收会议。 3. 需要提前投入使用的单位工程应进行单位工程投入使用验收。单位工程投入使用验收应由项目法人主持，根据工程具体情况，经竣工验收主持单位同意，单位工程投入使用验收也可由竣工验收主持单位或其委托的单位主持。 4. 单位工程投入使用验收除应满足单位工程验收应具备条件工作内容外，同时还应满足以下条件：（1）工程投入使用后，不影响其他工程正常施工，且其他工程施工不影响该单位工程安全运行；（2）已经初步具备运行管理条件，需移交运行管理单位的，项目法人与运行管理单位已签订提前使用协议书。

续表

验收名称	验收工作组组成	验收条件	验收内容	验收程序	备注
					5. 当质量监督机构对验收质量结论有异议时，项目法人应组织参加验收单位进一步研究，并将研究意见报质量监督机构。当双方对质量结论仍然有分歧意见时，应报上一级质量监督机构协调解决
合同工程完工验收	由项目法人以及与合同工程有关的勘测、设计、监理、施工、主要设备制造（供应）商等单位的代表组成	1. 合同范围内的工程项目和工作已按合同约定完成； 2. 工程已按规定进行了有关验收； 3. 观测仪器和设备已测得初始值及施工期各项观测值； 4. 工程质量缺陷已按要求进行处理； 5. 工程完工结算已完成； 6. 施工现场已经进行清理； 7. 需移交项目法人的档案资料已按要求整理完毕； 8. 合同约定的其他条件。 9. 合同工程具备验收条件时，施工单位应向项目法人提出验收申请报告。项目法人应在收到验收申请报告之日起 20 个工作日内决定是否同意进行验收	1. 检查合同范围内工程项目和工作完成情况； 2. 检查施工现场清理情况； 3. 检查已投入使用工程运行情况； 4. 检查验收资料整理情况； 5. 鉴定工程施工质量； 6. 检查工程完工结算情况； 7. 检查历次验收遗留问题的处理情况； 8. 对验收中发现的问题提出处理意见； 9. 确定合同工程完工日期； 10. 讨论并通过合同工程完工验收鉴定书		1. 当合同工程仅包含一个单位工程（分部工程）时，宜将单位工程（分部工程）验收与合同工程完工验收一并进行，但应同时满足相应的验收条件。 2. 自验收鉴定书通过之日起 30 个工作日内，应由项目法人发送有关单位，并报送法人验收监督管理机关备案

续表

验收名称	验收工作组组成	验收条件	验收内容	验收程序	备注
竣工验收自查	自查工作应由项目法人主持，勘测、设计、监理、施工、主要设备制造（供应）商以及运行管理等单位的代表参加		1. 检查有关单位的工作报告； 2. 检查工程建设情况，评定工程项目施工质量等级； 3. 检查历次验收、专项验收的遗留问题和工程初期运行所发现问题的处理情况； 4. 确定工程尾工内容及其完成期限和责任单位； 5. 对竣工验收前应完成的工作做出安排； 6. 讨论并通过竣工验收自查工作报告	1. 项目法人组织工程竣工验收自查前，应提前 10 个工作日通知质量和安全监督机构，同时向法人验收监督管理机关报告。质量和安全监督机构应派员列席自查工作会议。 2. 项目法人应在完成竣工验收自查工作之日起 10 个工作日内，将自查的工程项目质量结论和相关资料报质量监督机构	

4.1.3 政府验收工作要点（表 4-2）

表 4-2 政府验收工作要点

验收名称	验收委员会组成	验收条件	验收内容	验收程序	备注
阶段验收	由验收主持单位、质量和安全监督机构、运行管理单位的代表以及有关专家组成；必要时，可邀请地方人民政府以及有关部门参加	工程建设具备阶段验收规范（SL 223—2008）条件时，项目法人应提出阶段验收申请报告，阶段验收申请报告应由法人验收监督管理机关审查后转报竣工验收主持单位，竣工验收主持单位应自收到申请报告之日起 20 个工作日内决定是否同意进行阶段验收	1. 检查已完工程的形象面貌和工程质量； 2. 检查在建工程的建设情况； 3. 检查未完工程的计划安排和主要技术措施落实情况，以及是否具备施工条件；	参考竣工验收，即 1. 现场检查工程建设情况及查阅有关资料。 2. 召开大会： 1）宣布验收委员会组成人员名单； 2）观看工程建设声像资料；	1. 阶段验收应包括枢纽工程导（截）流验收、水库下闸蓄水验收、引（调）排水工程通水验收、水电站（泵站）首（末）台机组启动验收、部分工程投入使用验收以及竣工验收主持单位根据工程建设需要增加的其他验收，验收条件、内容、流程详见验收规程（SL 223—2008）。

续表

验收名称	验收委员会组成	验收条件	验收内容	验收程序	备注
			4. 检查拟投入使用工程是否具备运行条件； 5. 检查历次验收遗留问题的处理情况； 6. 鉴定已完工程施工质量； 7. 对验收中发现的问题提出处理意见； 8. 讨论并通过阶段验收鉴定书	3）听取工程建设管理工作报告； 4）听取竣工技术预验收工作报告（如有时）； 5）听取验收委员会确定的其他报告； 6）讨论并通过阶段验收鉴定书； 7）验收委员会委员和被验收单位代表在竣工验收鉴定书上签字	2. 阶段验收应由竣工验收主持单位或其委托的单位主持。 3. 工程参建单位应派代表参加阶段验收，并作为被验收单位在验收鉴定书上签字。 4. 大型工程在阶段验收前，验收主持单位根据工程建设需要，可成立专家组先进行技术预验收
竣工验收	竣工验收委员会可设主任委员1名、副主任委员以及委员若干名，主任委员应由验收主持单位代表担任。竣工验收委员会应由竣工验收主持单位、有关地方人民政府和部门、有关水行政主管部门和流域管理机构、质量和安全监督机构、运行管理单位的代表以及有关专家组成。工程投资方代表可参加竣工验收委员会	1. 工程已按批准设计全部完成； 2. 工程重大设计变更已经有审批权的单位批准； 3. 各单位工程能正常运行； 4. 历次验收所发现的问题已基本处理完毕； 5. 各专项验收已通过； 6. 工程投资已全部到位； 7. 竣工财务决算已通过竣工审计，审计意见中提出的问题已整改并提交了整改报告； 8. 运行管理单位已明确，管理养护经费已基本落实； 9. 质量和安全监督工作报告已提交，工程质量达到合格标准；	现场检查工程建设情况及查阅有关资料，召开大会观看工程建设声像资料，听取建设管理工作及竣工预验收工作等有关报告，讨论通过竣工验收鉴定书	1. 项目法人组织进行竣工验收自查； 2. 项目法人提交竣工验收申请报告； 3. 竣工验收主持单位批复竣工验收申请报告； 4. 进行竣工技术预验收； 5. 现场检查工程建设情况及查阅有关资料，召开竣工验收会议。会议基本议程： 1）宣布验收委员会组成人员名单； 2）观看工程建设声像资料；	1. 申请竣工验收前项目法人应组织竣工验收自查，其工作内容见法人验收部分； 2. 竣工验收分为竣工技术预验收和竣工验收两个阶段。大型水利工程在竣工技术预验收前，应按照有关规定进行竣工验收技术鉴定。中型水利工程，竣工验收主持单位可根据需要决定是否进行竣工验收技术鉴定

续表

验收名称	验收委员会组成	验收条件	验收内容	验收程序	备注
		10. 竣工验收资料已准备就绪。 竣工验收应在工程建设项目全部完成并满足一定运行条件后1年内进行。一定运行条件是指泵站工程经过一个排水或抽水期、河道疏浚工程完成后、其他工程经过6个月（经过一个汛期）至12个月。 项目法人在自检合格后，提出竣工验收申请报告。竣工验收申请报告应由法人验收监督管理机关审查后转报竣工验收主持单位		3）听取工程建设管理工作报告； 4）听取竣工技术预验收工作报告； 5）听取验收委员会确定的其他报告； 6）讨论并通过竣工验收鉴定书； 7）验收委员会委员和被验收单位代表在竣工验收鉴定书上签字	
竣工技术预验收	竣工技术预验收应由竣工验收主持单位组织的专家组负责。技术预验收专家组成员应具有高级技术职称或相应执业资格，成员的2/3以上应来自工程非参建单位。工程参建单位的代表应参加技术预验收，负责回答专家组提出的问题		1. 检查工程是否按批准的设计完成； 2. 检查工程是否存在质量隐患和影响工程安全运行的问题； 3. 检查历次验收、专项验收的遗留问题和工程初期运行中所发现问题的处理情况； 4. 对工程重大技术问题做出评价； 5. 检查工程尾工安排情况； 6. 鉴定工程施工质量； 7. 检查工程投资、财务情况； 8. 对验收中发现的问题提出处理意见	1. 现场检查工程建设情况并查阅有关工程建设资料； 2. 听取项目法人、设计、监理、施工、质量和安全监督机构、运行管理等单位工作报告； 3. 听取竣工验收技术鉴定报告和工程质量抽样检测报告； 4. 专业工作组讨论并形成各专业工作组意见； 5. 讨论并通过竣工技术预验收工作报告； 6. 讨论并形成竣工验收鉴定书初稿	竣工技术预验收专家组可下设专业工作组，并在各专业工作组检查意见的基础上形成竣工技术预验收工作报告

4.1.4 专项验收

（1）专项验收根据工程规模等实际情况一般有环境保护、水土保持、移民安置以及工程档案等，工程竣工验收前，应按有关规定进行专项验收。专项验收主持单位应按国家和相关行业的有关规定确定。

（2）项目法人应按国家和相关行业主管部门的规定，向有关部门提出专项验收申请报告，并做好有关准备和配合工作。

（3）专项验收应具备的条件、验收主要内容、验收程序以及验收成果性文件的具体要求等应执行国家及相关行业主管部门有关规定。

（4）专项验收成果性文件应是工程竣工验收成果性文件的组成部分。项目法人提交竣工验收申请报告时，应附相关专项验收成果性文件复印件。

注意事项：

（1）工程验收是工程建设中的重要环节，项目法人应当自开工之日起60个工作日内制订法人验收工作计划，报法人验收监督管理机关和竣工验收主持单位备案，这一点在实际工作中往往被忽视。

（2）法人验收后质量评定结论应及时报项目质量监督机构核备，未经核备的，不得组织下一阶段验收。

（3）在施工过程中应注意收集整理过程的资料如检查、检验中问题处理材料的闭合，过程中影像资料，特别是隐蔽工程的检查检验资料、监理旁站记录一定要完整。

（4）施工过程中要及时完善变更审批程序。

（5）监督检查单元（工序）工程质量复核确认签证完整、即时性等。

（6）质量缺陷备案内容要真实、准确、完整，各工程参建单位代表应在质量缺陷备案表上签字，若有不同意见应明确记载，并及时报工程质量监督机构备案，工程竣工验收时，项目法人应向竣工验收委员会汇报并提交历次质量缺陷备案资料。

（7）验收程序、条件要符合规范要求且应及时验收，如是多个分部或单位工程同时验收时应注意形成资料的时间关系；注意验收工作组人员组成要满足规范要求（有时因法人组建人员不符合要求可能造成验收组专业技术人员不足）。

（8）验收资料项目法人统一把关制备，核查资料的完整性、统一性，严格按照规划提供的格式提纲编写，对照规范附件资料清单整理所需提供的资料和备查资料。有条件的也可参考已通过验收合格的类似工程编制方法。

（9）单位工程投入使用验收后要同时满足施工和运行，双方互不影响，项目法人与运行管理单位签订提前使用协议书。

（10）工程竣工验收前，应当按照国家有关规定，进行环境保护、水土保持、移民安置以及工程档案等专项验收。经商有关部门同意，专项验收可以与竣工验收一并进行。

（11）验收遗留问题和尾工处理完成后，有关单位应组织验收，并形成验收成果性文件，项目法人应参加验收并负责将验收成果性文件报竣工验收主持单位。

4.2 投资项目后评价

4.2.1 政策依据

《国家发展改革委关于印发中央政府投资项目后评价管理办法和中央政府投资项目后评价报告编制大纲（试行）的通知》（发改投资〔2014〕2129号）。

4.2.2 后评价工作

建设项目后评价工作必须遵循客观、公正、科学的原则，做到分析合理、评价公正。通过建设项目的后评价，以达到肯定成绩、总结经验、研究问题、吸取教训、提出建议、改进工作、不断提高项目决策水平和投资效果的目的。

（1）建设项目竣工投产后，一般经过一至两年生产运营后，要进行一次系统的项目后评价，主要内容见表4-3。

表4-3 后评价阶段工作主要内容

类型	内容
影响评价	项目投产后对各方面的影响进行评价
经济效益评价	对项目投资、国民经济效益、财务效益、技术进步和规模效益、可行性研究深度等进行评价
过程评价	对项目的立项、设计施工、建设管理、竣工投产、生产运营等全过程进行评价

（2）项目后评价一般按三个层次实施，即项目法人的自我评价、项目行业的评价、计划部门（或主要投资方）的评价。

项目法人所承担的后评价工作主要有：在项目竣工验收并投入使用或运营一年后两年内进行自我总结评价工作，形成报告，汇同项目审批文件，项目实施文件，竣工财务决算，审计、稽察、项目结算和竣工财务决算报告，项目运行和生产经营情况，财务报表以及其他相关资料，报送上级相关部门。

（3）项目单位可委托具有相应资质的工程咨询机构编写自我总结评价报告。项目单位对自我总结评价报告及相关附件的真实性负责。项目自我总结评价报告应主要包括以下内容：

① 项目概况：项目目标、建设内容、投资估算、前期审批情况、资金来源及到位情况、实施进度、批准概算及执行情况等；

② 项目实施过程总结：前期准备、建设实施、项目运行等；

③ 项目效果评价：技术水平、财务及经济效益、社会效益、资源利用效率、环境影响、可持续能力等；

④ 项目目标评价：目标实现程度、差距及原因等；

⑤ 项目总结：评价结论、主要经验教训和相关建议。

项目自我总结评价报告可参照项目后评价报告编制大纲进行编制。